音楽する脳と身体

田中 昌司・伊藤 康宏 【共著】

コロナ社

ま え が き

　音楽を聴いて感動したとき，その理由を知りたいと思う。これまで多くの専門家によってそれぞれの立場からその理由を説明する試みがなされてきた。書籍として出版されているものも多い。例えば『音楽はなぜ心に響くのか』（日本音響学会 編，山田・西口 編著，コロナ社）というタイトルの書籍で，音響学，音楽学，社会学，心理学，情報学および医学からのアプローチが試みられている。どの章も読んでいて面白く，著者らの真摯なアプローチに敬意を表する。分野横断的な考察をされている最終章も重要である。しかしながら，著者らが述べているように，明快な答えはまだ得られていない。

　音楽は確かに私たちの心身に働きかけていると感じるが，具体的にはどのような作用があるのだろうか。本書は問題設定を「音楽が脳や身体にどのような作用を及ぼすか」ということに絞って執筆した。より具体的な問題提起をして，脳科学と生理学から論じていくアプローチである。音楽が脳や身体に及ぼす作用については，音楽家のみならず，多くの音楽愛好家を含む一般の方々にとっても興味のある話題が豊富である。本書は学術書でありながら，広く一般の方々を読者として想定して，わかりやすい説明を心がけた。異なる分野で研究をしている2人が，一つの問いに答える形で執筆した結果できあがったものである。

　第1章では，音楽が脳にどのような作用をするのかに関して田中が解説する。音楽の脳科学研究では音響学や音楽学的な実験が多いが，本章では音楽の作用を脳の高次機能，特に心的イメージの構築プロセスを中心に説明を試みた。エピソード記憶の重要性についても述べている。脳は未来のエピソードも思い描くことができるため，空間や時間を自由に移動して（メンタルタイムトラベル），そこでのシーンを心に描く能力を持っている。そのようなシーン構築の働きの重要性は，音楽においては演奏する側にも鑑賞する側にも共通している。その基盤としての脳の機能に関しては，拙著である『音大生・音楽家のための脳科

学入門講義』（田中 著，コロナ社）と合わせて，読んでいただければ幸いである。

　第2章では，音楽が身体にどのような作用をもたらすのかに関して伊藤先生に解説していただいた。音楽が身体によい作用をもたらすことは多くの人が認める一方で，科学的に証明することはそれほど簡単ではない。統計学的分析の考え方と合わせて，音楽の作用を生理学的な視点からこれまでの研究成果を多数解説されている。専門用語が多数出てくるが，気にせずに全体のストーリーを楽しんでいただきたい。どうしても気になる方は，章末の参考文献やインターネットを活用して，さらに勉強されることをおすすめする。本章は脳科学の視点から考えている私にとっても新鮮で大変勉強になった。読者のみなさまも，脳と身体が一つにつながったものであるという感覚を楽しみながら読んでいただきたい。

　第3章は2019年に開催された日本音楽表現学会年会での伊藤先生の基調講演とその後に行われた田中との対談をもとにして原稿を作成した。興味深い内容であるため多くの方に読んでいただきたいと思い，学会の了解を得て使用させていただいた。快諾していただいた日本音楽表現学会に感謝申し上げる。対談は事前打合せなしで行ったが，議論がうまくかみ合い実り多いものとなった。そのうえ会場からはたくさん質問をいただき，興味津々，笑いもありという和やかな雰囲気のなかで，あっという間に時間が過ぎた。司会の水戸先生と熱心に聴いてくださった会場の学会諸氏に感謝申し上げる。

　本書のタイトルである『音楽する脳と身体』は，もともと上述の対談のタイトルであった。「音楽する」という言葉には，演奏だけではなく能動的に聴く場合なども含めた広い意味が込められている。音楽への関わり方には多様性が認められること，脳だけでなく身体全体が関わることの重要性も認識されつつあることなどから，本書のタイトルとしてふさわしいと考えて拝借した。本書が広い視野で音楽する脳と身体の働きを理解したいという読者の期待に応えるものであることを願っている。

　2022年9月

田中　昌司

目　　次

3　講　演　と　対　談　　113

1 脳に作用する音楽

1.1 シェイクスピアのなかの音楽

　天動説が信じられている時代に地動説を唱えた偉大な科学者ガリレオと，いまなお作品が世界中で上演され続けている偉大な劇作家シェイクスピア，この2人は同じ1564年生まれである。この偉人の幻の交流を描く2人ミュージカル『最終陳述 それでも地球は回る』が2019年に上演された。天動説が信じられていた時代は，動く天体が音楽を奏で，天空は音楽に満たされていると信じられていた。なんと詩的で夢のある宇宙観だろう。シェイクスピアの戯曲『ヴェニスの商人』に素敵なシーンが描かれている。第五幕の，駆け落ちしたロレンゾーとジェシカが夜空を見ながら話す場面である（西洋比較演劇研究会 2011）†。少し長いため，その一部だけを紹介する。

ヴェニスの商人 第五幕 第一場 ベルモント，ポーシャの邸の前
ロ： さあ，ぼくのジェシカ，中に入ってお待ちしよう。いや，待てよ，どうして中に入らなければならないのだ？ ステファノー，みんなに奥様がもうすぐお帰りになると伝えてくれ。それから音楽隊を外に呼び出しておいで。（ステファノー退場）ああ，この緑を照らす月の光，なんて美しいのだ。さあ，ここに座って，楽の音をじっく

---

† 引用文献について，「著者名 発行年」で示す。

りと味わおう。やわらかな静けさと夜が，うっとりする美しい音に
またなんともいえない。お座り，ジェシカ。ほら，夜空がキラキラ
輝く小さな皿で飾られて，あの中のどんな小さな星だって聖歌隊の
天使のように声を合わせ，かわいい天使セラビムの前で歌っている
のだよ。天使たちにはそんな天上の調べが聞こえるが，われわれ人
間にはこの地上のからだに邪魔されて聞こえないのだ。(音楽隊登場)
さあさ，こっちに来て，音楽で女神ダイアナを起こしておくれ。奥
様の耳に美しい調べを吹き込んで，音楽に乗せて家にお連れするのだ。
ジ：　美しい音楽を聴くとなんだかいつも悲しくなるの。
ロ：　それはきみの気持ちが敏感になっているからだよ。

1.2　音楽とイメージ

　音楽は音として聴衆の耳に届くが，脳内で進行していることは音の音響学的
分析を超えて，メロディやリズムなどの音楽的特性を捉えている。すべての音
を聞かなくても，場合によってはほんの一部を断片的に聞いただけでも，音楽
として認識できる。これを**ゲシュタルト原理**（Gestalt principles）という（ボー
ル 2011）。音楽を音楽として認識できることは当り前ではない。脳にそのため
のメカニズムがあるから認識できるのである。脳に重い損傷を受けて，「音楽
を聴く」システムが正常に機能しなくなると，例えばハーモニーを認識する能
力を失い，弦楽四重奏曲を聞いても四つの音が別々のままで，溶け合って一つ
の音楽に聞こえるということがなくなる（サックス 2014）。フルオーケストラ
となるとさらに大変で，多くの別々の音を統合して「意味のあるなにか」とし
て聞くことは途方もなく難しいようだ。

　音楽を聴いているとき，私たちはなにかのイメージを心に描く。多くの場合
に心的イメージが自動的に構築される（具体的に言葉で説明できないことも多
いが）。自動的というのは意識的な努力を必要としないという意味である。あ
えて音楽を聴いてイメージを描かないようにすると，脳をラップに包んで，耳

だけで聞いている感覚になる。以下で説明するように，心的イメージは脳内でさまざまな情報が統合されてつくられる。音楽を聴くことによって聴覚的なイメージだけがつくられるわけではなくて，視覚などのほかのモダリティも取り込みながら，最終的にはおそらく特定のモダリティに限定されない，主観的で抽象的な心的イメージになると考えられる。それが意識的な努力なしにできるのは，脳にそのためのシステム（ネットワーク）が備わっているからである。

　心的イメージ（mental imagery）は本章の重要なキーワードである。心的イメージとは心に描くイメージのことであり，網膜に結ぶ視覚イメージではない（コスリンほか 2009）。視覚イメージは網膜にある視細胞によって電気信号（活動電位：電気パルス）に変換されて，脳の一次視覚野に運ばれる。その後，脳内で分析され，二次，三次および高次視覚野と複雑な（より抽象的な）情報に変えられていく。これを**ボトムアップ**（bottom-up）の情報処理という。それに対して心的イメージは網膜からの入力を必要としない。ラジオドラマを聴いているときや，明日の花火大会のことを想像しているとき，あるいは日常の会話でも，私たちは心的イメージを描いている。

　心的イメージは脳の多くの領野からなるネットワークでつくられ，その作用は**トップダウン**（top-down）によって視覚野にまで及ぶため，視覚野は実際の視覚入力があってもなくても活動する。視覚野の活動だけでは，実際になにかを見ているのか，心のなかでイメージしているのか区別することはできないことになる。実際は見ていなくても本人が見たと確信することがあるため，「目撃情報」は必ずしも当てにならない。なにかを「見る」という主体的行為は，対象に心的イメージを投影するというトップダウンの処理（鈴木 2020）と，網膜からの入力を分析していくボトムアップの処理が双方向的かつ同時進行的に行われる。

　脳内情報処理のトップダウンとボトムアップの双方向性は視覚情報処理に限らない。聴覚の場合は，鼓膜の振動が内耳で電気信号に変換されたものが脳の**一次聴覚野**（primary auditory cortex）に伝えられる。そこでは**周波数分析**

（frequency analysis）など，音の基本特性が分析される。二次や三次の高次聴覚野ではより複雑な特性が分析され，楽器の音や人の声，風の音などが特定されていく。音楽や音声が持つ意味などは，さらに高次の情報処理を行う**連合野**（association area，**図 1.1**）が分析する。連合野は感覚野でも運動野でもない領野である。このような情報の流れはボトムアップだが，どのようなイメージを持って聴くかによって違って聞こえるように，トップダウンの作用も受ける。また心に描くイメージは**主観的**（subjective）であり，同じ音楽でも人によって，あるいは状況によって印象が異なる。心のなかで，ある曲をイメージする場合，聴覚野は実際にその曲を聴いているときと，ある程度類似した活動パターンを示す（Regev et al. 2021）。以上の視覚や聴覚の例からわかるように，私たちは機械のように見たり聞いたりしているのではなくて，心的イメージを投影して対象を見たり聞いたりしているということは重要なポイントである。

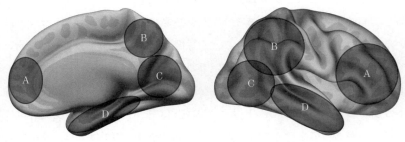

（a） 右半球内側面 　　　　　　　　　　　（b） 右半球外側面

図 1.1　大脳皮質連合野：（A）前頭連合野，（B）頭頂連合野，（C）後頭連合野，（D）側頭連合野

　演奏家が曲を演奏する場合は，心に描いているイメージを音で表現するという言い方ができるだろう（野村 2012）。美しく響くことも重要である（アーノンクール 2006）。意図したとおりの音を出すために，楽譜を見ながら，ここはこのように弾く，このように歌うという具体的なプランをつくるのではないだろうか。実際に音を出すときは，脳が筋肉に**運動指令**（motor command）を出すために，どこの筋肉をどのタイミングでどの程度使うかという具体的なプ

ログラムになっていなければならない。このような情報の流れはトップダウンであり，前頭連合野から運動野への情報の流れにおいて，抽象的なものから徐々に具体的なものに変換されていく（**図 1.2**）。実際に出した音は聴覚信号として脳内で分析されて，トップダウン信号と比較される。脳は意図したとおりの音が出ているかどうかを**モニタリング**（monitoring）している。出した音は演奏会場のその日の音響特性によって違った伝搬，反響をするため，このモニタリングによって演奏の微調整をすることができる。したがって，心に描くイメージは実際に出す音を変える力を持っている。

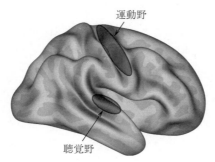

図 1.2 運動野と聴覚野
（右半球外側面）

心的イメージは音楽を聴く側にとっても重要な役割を果たす。聴く人の心にどのようなイメージが湧くかということはその曲の価値や好き嫌いを決めるおもな要因になるだろう。しかし，当然ながら演奏家は聴く人の脳内で構築されるイメージを直接操作することはできない。音を介して間接的に行われる。演奏家は自分が出した音を聴衆がどのように聴いているかは気になるはずだ。自ら描いているイメージを大切にして，それを音で表現することに最新の注意を払うのではないか。コンサートで演奏を聴いているとき，まるで両者（演奏家と聴衆）が心的イメージを介して**間主観的**（intersubjective，フッサール 2012）にコミュニケーションをしているように見える。

2021 年の夏に，浜松の楽器店がクラシック音楽のイメージと合う香水『音楽の香り』を商品化した。すでに試された方もいるかと思うが，例えば『バッ

ハ：G 線上のアリア』は「みずみずしさが清澄さに変化し透明感のある香り」
だそうである。香りが心身に働くことはよく知られていることだが，イメージ
の世界に対する意識が高まりつつあることを実感する。

1.3　心的イメージは感情を伴う

　心的イメージは多種多様な情報を統合したものであり，感情も伴う。心的イ
メージが感情を誘発するメカニズムとしては，過去の記憶と結びついて感情が
生じる場合や，イメージした**アクション**（action），あるいはイメージした世
界そのものが感情を誘発することが考えられる（Holmes and Mathews 2010）。
過去の記憶（エピソード記憶）を思い出すときに感情が伴うことは，エピソー
ド記憶の想起メカニズムと関係がある（1.4 節を参照）。もし心に描いたイメー
ジに感情が伴わないとしたら**リアリティ**（reality）を感じられないだろう。そ
れだけではない。イメージした世界やアクションに感情が伴うことは，これか
らの自分の行動を選択する際に重要な役割を果たす。

　私たちはなにかの決断をするときに，しばしば「内なる感情」（直感感情）
に頼ることがある。これを**ソマティック・マーカー仮説**（somatic marker hy-
pothesis）といい，そのときの感情をソマティック・マーカーという（ダマシ
オ 2010）。これには**内臓感覚**（visceral sensation）などの身体感覚も含まれる。
このマーカーは生存に関わる判断をするときに特にその重要性を増す。日常生
活でも，重要なことを直感や身体感覚で決めていることも少なくない。そのほ
うが論理的に考えるより間違いが少ないということを経験的に学んでいるのだ
ろう。このダマシオの仮説は，彼の著書のタイトル『デカルトの誤り（Descartes'
Error)』が意味するように，デカルトの**心身二元論**（mind-body dualism）
を批判して，心と体が分離不可能な一体として働いていることを主張して
いる。

　さて，思いや感情などを含む心的イメージは外の世界の知覚や認知に影響を
与える。私たちの知覚や認知は受動的なプロセスではなくて，心的イメージが

作用する能動的なプロセスだといえる。つまり，心的イメージの**プロジェクショ
ン**（projection）によって外の世界を知覚し，認識する（鈴木 2020）。プロジェ
クションは外の世界に能動的に働きかける一歩だといえるだろう。表現の始ま
り，コミュニケーションの前提であり，社会との関わりを持つために必要なプ
ロセスである。

　心的イメージの内包にとどまらず，実際にアクションを起こすことで，社会
との関わり方はより積極的になる。アクションをすると**フィードバック**
（feedback）が得られるため，それによって心的イメージが変容する。脳には
アクションした結果を予測することによって，取るべきアクションを評価する
システムがある。特に**大脳基底核**（basal ganglia）にある**線条体**（striatum,
図 **1**.**3**）には，アクションを起こすことによって得られる**報酬**（reward）を予
測する機能があることが知られている（リンデン 2014）。中脳にある**ドーパミ
ン**（dopamine）神経群が腹側線条体の**側坐核**（nucleus accumbens）へ神経投
射をしていて，高濃度のドーパミンが分泌されている。この神経投射を**報酬回
路**（reward circuit）と呼ぶ。報酬予測は分泌されるドーパミンの量と関係し
ている。高い報酬が期待されるアクションはドーパミンの分泌量が多く，**モチ
ベーション**（motivation）が高まる。そのアクションを実行して実際に報酬が
得られると，将来そのアクションを選択する確率が高くなる。

　報酬は物質的なものから精神的なものまでさまざまである。主観的な要素も

図 1.**3**　大脳基底核にある線条体
（右半球内側面）

大きく，報酬の大小はその人の価値観や人生観によって異なる。一方で，脳内でドーパミンの分泌を促す点は，報酬の内容にかかわらず共通している。このことは，脳自身が報酬の大小を決めるメカニズムを持っていることを示している。厳密にいうと，ドーパミンに対する反応（信号の強さ）がドーパミン受容体の遺伝子多型によって違うため，ドーパミンの分泌量だけで決まるものではない。報酬に対する感度は，遺伝子レベルですでに個人差を持っている。報酬系が正常に作動することは，自分の行動決定や社会活動を行ううえで重要な要因である。ギャンブルや違法薬物などは報酬系を強く刺激してドーパミンの過剰分泌を引き起こし，この自然なメカニズムを狂わせてしまう。しかも依存につながりやすく，元に戻すのが大変である（リンデン 2014）。バランスを保ち心身の健康を維持することがなにより大切である。

　社会生活のなかで自身や他者の行動の評価を正しく行うことの重要性はだれでも認めるところだが，場合によっては大変難しいと感じることも多い。評価基準が明確でない場合や，多様性のある社会のなかで整合性を保つことの難しさもある。身近な他者や社会全体のことを考えて，喜びや生きがいに結びつく行動を選びたい。感性も大切である。「行動の美学」という言葉があるが，人生の岐路に立ったとき，感性や美意識に基づいて重要な選択をしていることがある。

　美的判断をするときに，**眼窩前頭皮質**（orbitofrontal cortex，前頭眼窩野ともいう）が活性化することが知られている（**図 1.4**）。内的あるいは社会的報酬への意義や価値判断に関係していると考えられている。このような主観的な美の認知や行動と脳活動との関係を研究する学問を**神経美学**（neuroaesthetics）という（石津 2019）。その研究対象は音楽や視覚芸術なども含んで広範囲に及ぶ。ファッションの世界や化粧品の開発などへの応用も考えられる。

　美しいものに接することは報酬の一つである。報酬系のニューロンは報酬期待が高まるときに最も活動が高まることを述べた。この原稿を書いているときに，昭和の昔に流行った「エメロン クリームリンス」の CM ソングをふと思い出した。『ふりむかないで』（作詞 池田友彦，作曲 小林亜星，歌唱 ハニー・

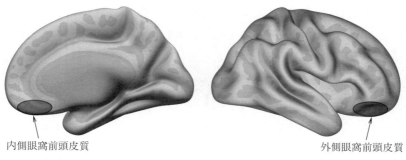

内側眼窩前頭皮質

（a） 右半球内側面

外側眼窩前頭皮質

（b） 右半球外側面

図 1.4 眼窩前頭皮質

ナイツ，1972 年）という曲である。60 万枚を超える大ヒットだったそうである。CM のなかで実際に街を歩いている女性に背後から声をかけて商品を紹介し，最後に笑顔で振り向かせていた。高まる報酬期待にわくわくする心理を巧みに利用した CM であるといえる。商品には無関心の少年だった私も，久しぶりにこの曲を聴いたら当時を懐かしく思い出した。

　音楽美学（aesthetics of music）の観点からは，悲しい曲に**審美性**（aesthetics）をより強く感じることが論じられている。悲しい曲の音楽的特性がだれか不確定な人や物語を想像させることと結びついて，美しいシーンをイメージしたり，想像上の人物に共感しているのかもしれない（源河 2019）。美的経験は他者と共有したくなるものである。「美しい」は他者理解にもつながる可能性がある。

　多くの人にとって，音楽による感情体験は音楽を聴くモチベーションになっている（ジュスリン・スロボダ 2008）。音楽を聴いて感情体験が生じる理由はいまでも明らかではないが，生じる感情を分析した研究は多い（太田 2021）。音楽による感情体験を日常生活のものと同様の，喜び，悲しみ，懐かしさおよび嫌悪などのカテゴリに分けることは可能だ。しかし感情研究が難しい理由の一つは，私たちが意識できる感情は全体の一部でしかないことにある。この分野の代表的な名著（ジュスリン・スロボダ 2008）の第 3 章で，著者の一人であるペレツが興味深いエピソードを紹介している。

　ある日友達に誘われて『蝶々夫人』を売り物にしているブロードウェイ・

ショーを見に行った。本人はこのようなショーは好きではない。退屈で戯画的と思っているからである。しかしショーの終わりに自分が涙していたことに気がついたというのである。本人はそのショーがほかのものと比べて少しも優れているわけではないことがわかっていたため，この反応は生物学的反射であるとペレツは解釈している。しかし，玉ねぎを切っているときに出る涙とは違う。感情とはなにかということを考えるうえで興味深いエピソードである。

1.4　エピソード記憶

　音楽を聴いているときに昔のことを思い出すことがある。よく聴いていた曲の場合，その頃のできごとなどがセットになって思い出されることが多い。しばしば「この曲は彼女にふられたときに流行っていた曲だ」ということをずっと後になっても話している人がいることを思うと，とても強く結びついて残ることがあるようだ。懐かしさを感じることも多い。このようなパーソナルな経験に基づく記憶は一般に**エピソード記憶**（episodic memory）と呼ばれる。感情との結びつきのほかに，多くは特定の時間や場所と結びついているのが特徴である。

　エピソード記憶は**長期記憶**（long-term memory）であり，一生覚えているものも多い。長期記憶には一般的な知識の記憶である**意味記憶**（semantic memory）もある。ブルガリアの首都の名前や光の速さなどである。エピソード記憶と意味記憶はどちらも**陳述記憶**（declarative memory，宣言的記憶ともいう）に属し，一般に言語化が可能である。陳述記憶ではない記憶については後述する（1.6 節を参照）。記憶のカテゴリに関しては拙著（田中 2021）あるいはほかの脳科学の教科書（例えば，スクワイア・カンデル 2013）を参照していただきたい。

　エピソード記憶は想起のたびに**再構成**（reconstruction）される。ただし再構成のたびに内容が少しずつ書き換えられる可能性がある。本人にその意志がなくても書き換えは起こりうる。さらに，書き換えられたという意識は本人にはないため，いつでも想起した内容は「事実である」と確信している。同じ場

所にいて同じことを経験した人と後日そのことの思い出話をしていた際に，内容が食い違うことは珍しくない。例えば，誰々さんもそこにいたとか，いやいなかったとか。本人にとって都合が悪い部分だけがその人の記憶から消えていたことを知って驚いた経験がある。消去したいという意志が働いたのではないかとさえ思った。

AIなどの情報技術を駆使して起きたことをすべて詳細に記録しておくことができたら，記憶の書き換えは避けられるのではないかと考える人もいると思うが，感情などのリンクを保ったまま想起できるのかどうか疑わしい。かりにそれが可能だったとしても，膨大な量の実感の伴わないできごとのリストであれば，もはやエピソード記憶としての機能はなくなるかもしれない。したがって忘却というものにも積極的な意味があると考える人もいると思うが，この先の展開はSFに委ねよう。

脳科学として記憶が研究されるようになったのは比較的新しい。それまではもっぱら心理学や哲学のテーマであった。記憶の脳科学研究の幕開けといえる歴史的な症例研究がある。当時 **H.M.** というイニシャルで呼ばれていた人の症例研究である。死後ヘンリー・グスタフ・モレゾン（Henry Gustav Molaison）という実名が公開された。H.M. の症例研究は，神経心理学者のブレンダ・ミルナーの論文によって学界に知られるようになり，その後に関わった多くの研究者のなかで主導的な役割を果たしたスザンヌ・コーキンによって詳しく紹介されている（コーキン 2014）。H.M. は温厚で愛想がよく礼儀正しい性格で，知能検査のスコアは平均以上だったとのことである。

H.M. は子供の頃からてんかんを患っていた。薬物治療が効かず難治性だったため，27歳のときについに両側の**海馬**（hippocampus）とその周辺を切除する手術を受けることになった（**図1.5**）。手術は成功し，てんかんの症状はなくなったが，記憶障害の後遺症が現れた。人と会って話をしていても，数分間その場を離れて戻ってきたときには，その人と話していたことを覚えていない。子供の頃の記憶は残っているようだが，新しく経験したことが長期記憶化されないのだ。これを**前向性健忘**（anterograde amnesia）という。

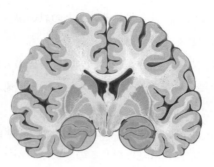

図 1.5 H.M. の脳切除部位
（両側の海馬とその周辺）

　障害時より古い情報の記憶障害は**逆行性健忘**（reterograde amnesia）と呼ばれる。一般に，障害時に近いできごとほど忘却されやすく，遠いものほど保たれやすい。今回の例のような脳部位の切除以外にも，強いストレスやビタミンB₁欠乏，アルツハイマー病のような神経疾患など，健忘（記憶障害）を引き起こす原因は多数存在する。詳しくは脳科学辞典（佐藤・冨本 2015）を参照されたい。

　H.M. のその後の研究で，子供の頃の記憶も部分的に失われていることがわかってきた。特に興味深いことは，エピソード記憶の一部が**意味記憶化**（se-manticization）していたことだ（Corkin 2002）。子供の頃の母親との楽しい思い出を想起してもらおうとして研究者がいくつか質問すると，「彼女は私の母です」という答えが帰ってくる。クリスマスなどで楽しい思い出はないのかと聞いても，「クリスマスの時期に関しては議論があります」というような返事である。これはエピソード記憶の特徴である感情（楽しかったことなど）とのリンクが失われていたことを意味する。彼はもともと言語処理能力が高いほうではなかったが，正常なレベルは維持されていた（コーキン 2014）。切除した海馬が感情などの情報をエピソードにリンクする働きをしていたのである。

　ノスタルジックな音楽を聴いているときに漠然とした懐かしさを感じるだけでなく，具体的なエピソードを懐かしく思い出すこともよくある。脳にとって，エピソード記憶の再構成は再経験でもある。再経験することで，そのときに味

わった感覚や感情に近いものが蘇る。記憶のなかで想起する際に美しく変わることがあるのは，エピソード記憶のみである。音楽によって記憶が美化されやすいことも経験的には知られている。それは音楽を聴くことがエピソード記憶の想起メカニズムと関連しているからである。

　H.M. の症例研究によって明らかになったように，側頭葉内側部にある海馬はエピソード記憶に不可欠の脳部位である。エピソード記憶の構成および再構成には海馬と**楔前部**（precuneus）を含むネットワークによる情報処理が重要な役割を果たすと考えられる（Hassabis and Maguire 2007, Zeidman et al. 2015）。その過程で，自己や他者に関する情報や感覚，感情および社会認知的な情報などが統合される。後に述べるシーン構築のプロセスと密接な関係がある。（再）構成されるのは統合された心的イメージであり，その際に重要な働きをするのがつぎに説明するデフォルトモード・ネットワークである。

1.5　デフォルトモード・ネットワーク

　デフォルトモード・ネットワーク（default mode network）と呼ばれるネットワークが脳内にある。脳に音楽がどのような作用を及ぼすかということを考えるうえで鍵になるネットワークである。実際，音楽を聴いているときにデフォルトモード・ネットワークが関与していることが実験で確認されているが，そのことを説明する前に，脳内ネットワークとはなにかを説明しよう。

　脳内ネットワーク（brain network）について言及するのは，活動部位を個別に見るより，情報処理に関わるネットワークを論じるほうが理解しやすいからである。ネットワーク解析技術の進歩に助けられて，最近の脳科学はこの傾向が強くなっている。これまで 100 年以上の長い間，脳の機能は**脳機能局在論**（theory of localization of brain function）を前提として論じられてきた。脳機能局在論というのは，脳が部位ごとに異なる機能を持っているという考え方である。視覚野や聴覚野，運動野，体性感覚野，言語野など名前がつけられているのはそのためである。今日これが修正を迫られている。脳内ネットワークは脳

の複数の部位によって構成され，それぞれが異なる機能を持つと考えられてき
た複数の部位の協調によって脳の機能がつくられる，という考え方が一般的に
なってきた。特に心的イメージのように多くの情報が統合されて，どこかの脳
部位に集約されるというより複数の関連部位の相互作用によってつくられるも
のは，ネットワーク的な理解が不可欠である。

　デフォルトモード・ネットワークは脳の内側面の前部にある**内側前頭前野**
（medial prefrontal cortex，内側前頭皮質ともいう）と後部にある楔前部，頭頂
葉外側面の下部にある**角回**（angular gyrus）が機能的につながって構成されて
いるネットワークである（**図1.6**）。なにもしていないはずのときに活性化さ
れていたことからその名がついた。しかし，実際はなにもしていなかったので
はない。デフォルトモード・ネットワークが活動するのは**内向きの意識**（inward
consciousness）が働いているときである。例えば，**マインドワンダリング**（mind
wandering）や**メンタルタイムトラベル**（mental time travel）というのは，空
間や時間を越えて意識が自由にさまよう状態をいう（コーバリス 2015）。なに
もしていないように思えるのは，意識が自分の外に向かず，会話や作業などを
していないからである。実際は脳のなかではある種の情報処理が盛んに行われ
ていて，デフォルトモード・ネットワークはそれを支えている。**創造性**（cre-
ativity）とも関係していることが最近の脳科学実験で示されている。

　内向きの意識が働くとき，私たちは自分の過去を振り返ったり，これからの

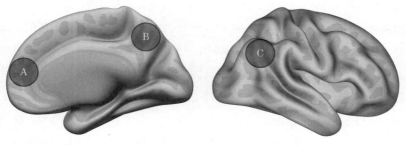

　　　（ａ）　右半球内側面　　　　　　　　（ｂ）　右半球外側面

図1.6　デフォルトモード・ネットワークを構成する主要部位：（Ａ）内側前頭前野，
　　　（Ｂ）楔前部，（Ｃ）角回

ことを構想したりしている。その頻度は思ったより多く，起きている時間の約
半分はそのようなことに使っているという調査結果がある。内観や内省をして，
生き方の評価や軌道の修正，またはアイデンティティの保持をしているのだろ
う。また，楽しい曲を聴いているときより悲しい曲を聴いているときのほうが
デフォルトモード・ネットワークが働く（Taruffi et al. 2017）。このことも内
向きの意識の働きと関係があると考えられる。悲しみは意識を内向きにさせる。

　デフォルトモード・ネットワークによる内向きの意識のプロセスは内的な体
験の脳内メカニズムである。また，それによって「なにか」と内的につながる
（共有できる）感覚が得られる。例えば以下の聖書箇所「ルカによる福音書2」
は，夜，野宿をしていた羊飼いたちのところに天使たちが現れてイエスの誕生
を告げたときの話である（新日本聖書刊行会 2017）。

ルカによる福音書2

15 天使たちが離れて天に去ったとき，羊飼いたちは，「さあ，ベツレヘム
　　へ行こう。主が知らせてくださったその出来事を見ようではないか」
　　と話し合った。
16 そして急いで行って，マリアとヨセフ，また飼い葉桶に寝かせてある
　　乳飲み子を探し当てた。
17 その光景を見て，羊飼いたちは，この幼子について天使が話してくれ
　　たことを人々に知らせた。
18 聞いた者は皆，羊飼いたちの話を不思議に思った。
19 しかし，マリアはこれらの出来事をすべて心に納めて，思い巡らして
　　いた。

　聞いた者は皆，羊飼いたちの話を不思議に思ったというのは当然である。理
屈で理解することは不可能だからだ。しかし，マリアはこれらのできごとをす
べて心に納めて，思い巡らしていたという。理解しようとしていたのではない。
そのままを受け入れたのだ。デフォルトモード・ネットワークは認知系のネッ

トワークとはたがいに抑制し合う関係にある。理解しようと努めるとき，言語系や認知系のネットワークが活性化される代わりに，デフォルトモード・ネットワークは抑制される。デフォルトモード・ネットワークが抑制から開放されるのは，理解しようと努める代わりにありのままを受け入れようとするときである。

　自分の将来について思いを巡らすときも，デフォルトモード・ネットワークは活動する（Schacter et al. 2008）。過去の記憶をたどるときに活動する海馬（およびその周辺領野）はデフォルトモード・ネットワークと協調して活動することが多く，将来について思いを巡らすときも活動する。その意味で，脳内情報処理としては過去と未来の区別はない。ただし，過去のことより未来のことに思いを巡らすときのほうが**前頭前野**（prefrontal cortex）がより活性化され，しかも近未来より遠い未来のほうが活性化の度合いが高い（Holmes and Mathews 2010）。未来のことを考えることは前頭前野からのトップダウンによる情報処理が重要な働きをするのだろう。想像力がおおいにかきたてられる状態であると考えられる。

1.6　音楽トレーニングによる脳の可塑的変化

　脳は生涯変化し続ける。幼児期の脳は構造的にも機能的にも未熟だが，思春期を経て概形が整ってくる。**神経細胞**（ニューロン，neuron）は**シナプス**（synapse）を介してつながる。このつながりがネットワークをつくり，脳の機能をつくる。発達の初期段階では無駄なつながりも多数あるが，使われないものは除かれていく。逆によく使うものは強化される。使うか使わないかはその人がどのような経験をするかということによる。したがって，その人の用途に合わせて脳を調整しているともいえる。このように，ミクロに見ればシナプス結合の変化がつねに起きていて，マクロな脳の機能を少しずつ変えていくのである。

　経験に伴うニューロン活動によってシナプス結合が変化する性質を**シナプス**

可塑性 (synaptic plasticity) という（図 1.7）。その積み重ねによってネットワークも少しずつ変化する。その結果，一人一人が自分独自の脳内ネットワークを作り上げることになる。よいことも悪いことも含めて，なにを経験して生きてきたかが大事である。同時に環境の影響を強く受けて自分で選べないことも多くあるため，各自の脳は偶然と必然を織り交ぜた唯一無二の芸術作品といえよう。

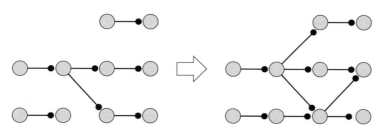

図 1.7　シナプス可塑性の概念図（◯はニューロン，太い直線は軸索，その先の小さい丸はシナプスを表す）

　成長期の脳は特に変化しやすい。したがって，この時期に経験をしたことは脳に大きな影響を与える。音楽家や音楽家を目指して努力している音大生は，幼児期から大人になるまで音楽トレーニングを継続的に受けている人が多いため，その効果が脳に現れていることが予想される。21 世紀に入って **fMRI**（functional magnetic resonance imaging）などの脳イメージング技術が普及するに従って，音楽家の脳の研究も進んで，どこにどのような効果が現れているかということが徐々に明らかになりつつある（Olszewska et al. 2021，田中 2021，藤波 2012）。このような技術が開発される前は，音楽家と非音楽家の脳の違いを論じる方法がなかったが，天才音楽家の脳を個別に調べた例は少なくない。バッハやハイドン，ベートーヴェン，リストなどの大作曲家の頭蓋骨は，側頭部が横に張り出した独特の形をしていたそうである（岩田 2001）。興味深い研究だが，これだけでは作曲の才能との関係を論じるのは難しい。

　筆者らは，音大生と一般大生の二つのグループで脳の**局所体積**（local volume）の比較を行った。MRI データを取得して解析を行ったところ，複数

の部位の局所体積において音大生のほうが統計学的に有意に大きいという結果を得た（Sato et al. 2015）。科学的エビデンスを示すときによく**統計学的有意性**（statistical significance）という概念が用いられる。個人差があるものを比較する場合，ある程度の人数からなる二つのグループの平均値の差が，個人差のばらつきよりも統計学的に大きい場合，グループ間に有意差があるとみなす。

　有意差が認められた部位は全脳に分布していたのではなくて，大脳皮質では下前頭葉，上頭頂葉，側頭極および後頭葉に限られていた（**図1.8**）。その中でも，右半球の下前頭回，同じく右半球の上頭頂小葉および高次視覚野がある中後頭回における有意差が顕著であった。それぞれ，**音楽統語処理**（music syntax processing），空間情報処理および高次視覚情報処理に関わることが知られている部位である（ケルシュ 2016）。音大生と一般大生は，どちらもほぼ同じ年齢の大学生（女性）だが，音大生は幼少期から音楽トレーニングを受けてきており，高校生から大学生の時期は毎日多くの時間を音楽レッスンに費や

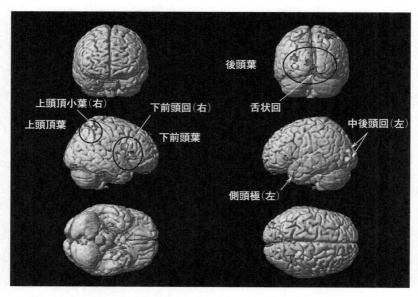

図1.8　音大生と一般大生を比較して，音大生のほうが局所体積が統計学的に
大きかった脳部位

しているグループである。一般大生は趣味で音楽をすることもあるが，むしろそれ以外のこと（所属する学科の勉強など）により多くの時間を割いているグループである。したがって，グループ間の脳の違いはおもに音楽トレーニングの有無に起因すると考えてよい（田中 2019b）。

そのことをさらによく表しているのが**図 1.9** である。この図は，局所体積の平均値が統計学的有意差を示した九つの脳部位を，三つのグループに分けて比較したものである。三つのグループとは，音楽活動をしていない一般大生のグループ（NM），趣味で音楽活動をしている一般大生のグループ（MH），そして音大生のグループ（ME）である。図の縦軸は各グループの平均値が全体の平均値からどのくらいずれているかを示している。どの部位も違いの大きさは音楽活動をしていない一般大生のグループ，趣味で音楽活動をしている一般大生のグループ，音大生のグループの順に並んでいることがわかる。趣味で音楽

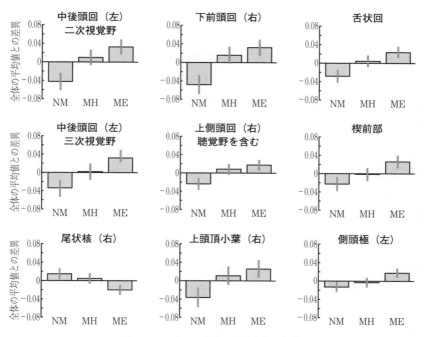

図 1.9 3グループ間の局所体積の比較

活動をしている一般大生のグループはつねに音楽活動をしていない一般大生グループと音大生のグループの中間にある。

　各棒グラフについている縦棒は個人の値のばらつき範囲を現している。グループが異なっていても，この棒で示す範囲が少し重なっているところがある。多くは趣味で音楽活動をしている一般大生のグループと音大生のグループ間である。このことは，個人で見る限り，大小関係がグループの平均値とは違うケースもあるということを示している。趣味で音楽活動をしている一般大生のなかには中高生のときに音大進学を考えてレッスンを受けていたケースもあるため，音大生並みの変化をしている人がいても不思議ではない。

　シナプス可塑性によって脳の**機能的ネットワーク**（functional network）がどのように変化するかは，おもに fMRI データを解析することによって調べる。その方法については後ほど述べるが，それを音大生と一般大生，あるいは音楽家と非音楽家のグループに適用して比較することによって，音楽トレーニングがどのように機能的ネットワークを変化させたかを知ることができる。

　ところで，音楽で大切な心的イメージは前述の楔前部が中心となって処理される。頭頂葉の内側面にある比較的大きな表面積を占める部位である（図1.6）。そのすぐ後方は視覚野がある後頭葉である。視覚野と隣接していて視覚入力を多く受ける。心的イメージは視覚ベースであることが多いが，それだけではない。楔前部は大規模な脳内ネットワークの主要ハブの一つであり，脳のいろいろな部位とさまざまな情報をやり取りしている。したがって，心的イメージは**マルチモーダル**（multimodal）である。すなわち，異種の感覚情報や運動，認知，感情などの情報を含む。また，楔前部の活動は心に描くイメージがどのくらいビビッドであるかということにも関係している（Richter et al. 2016）。

　脳の中心部に**視床**（thalamus）と呼ばれる部位があり，大脳皮質と密な神経結合を持っている。視床は感覚信号のリレーセンターとして働く。すなわち，大脳に運ばれる感覚信号がいったん視床に中継され，そこから視覚信号は視覚野へ，聴覚信号は聴覚野へと伝達される。嗅覚だけは例外で，視床を経由せず

に，直接大脳皮質の嗅皮質に運ばれる。筆者らは，音大生と一般大生を比較した実験で，音大生のほうが視床と聴覚野の機能的結合が発達していることを確認した（Tanaka and Kirino 2017a）。

　さらに興味深いことが見つかった。音大生と一般大生が最大の違いを示したのは，視床と楔前部との機能的結合だったのである（**図 1.10**）。内臓感覚や感情に関わる部位と楔前部との機能的結合も音大生のほうが強化されていた（Tanaka and Kirino 2016b）。これらの結果は，演奏に関する心的イメージの構築には感覚情報が使われること，さらに音楽トレーニングでそれが強化されることを示唆している。音楽に心的イメージが重要であることと演奏が感覚にセンシティブ（敏感）であることを裏づけるものだろう。

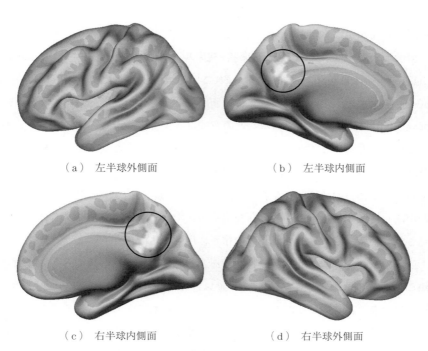

（a）　左半球外側面　　　　　　　　（b）　左半球内側面

（c）　右半球内側面　　　　　　　　（d）　右半球外側面

図 1.10　音大生と一般大生で比較して，視床との機能的結合が
　　　　　音大生のほうが強かった脳部位

1.7 演奏スキルの学習と記憶

　脳のシナプス可塑性によって，その人の用途に合わせた仕様の脳ができあがる。1.6節で紹介したように，大学生でもグループ間の違いがはっきり認められるというのは，幼児期から長期間にわたってトレーニングを続けてきている音楽だからだろう。美術やスポーツなどではどのような結果が得られるだろうか。筆者らの実験の参加者は，クラシック音楽の世界で多数の著名な演奏家を輩出してきた音大の学生だった。大部分の学生が3歳か4歳頃にレッスンを受け始めているため，今日までのほとんどの期間を音楽とともに成長してきたことになる。これほどまでに長い期間を要するのは，高いレベルの演奏スキルの習得に時間がかかるからだ。

　演奏のスキルは，**大脳皮質−基底核−視床ループ回路**（cortico-basal ganglia-thalamo-cortical loop circuit）と呼ばれている大脳皮質と皮質下の脳部位（基底核と視床）を，ループ状に結ぶ神経回路に蓄えられると考えられている（苅部ほか 2019）。ループ状であることの意味は，出ていったものがループを一周して戻ってくることである。すなわち，大脳皮質から出た信号が基底核（大脳基底核ともいう）と視床を通って，再び大脳皮質に戻る。大脳皮質の領野によって処理する情報の種類が異なるため，認知や運動，感情などの複数のループ回路が同じ構造を持ちパラレルに存在する。またループ回路を横断する経路も発見されているため，ループ回路間の相互作用もあるだろう。

　演奏のスキルは基本的には運動性である。しかし楽器を演奏するという信号がこのループ回路を周回するとき，運動以外の情報も取り入れることによって，情感豊かな，あるいは知的な演奏ができるようになると考えられる。トレーニングを続けることによって，このループ回路が少しずつ変化しつつ洗練されていく。変化するのは先に述べたシナプス可塑性があるからである。それは脳科学でも「学習と記憶」と呼ばれる一般的な過程であり，このようなスキルの場合は**手続き学習**（procedural learning）および**手続き記憶**（procedural memory）と呼ばれる。手続き記憶は前出の長期記憶の一種であるが，エピソード記憶や意味記憶と違って，言語化できないタイプの記憶であるため，**非陳述記憶**（non-declarative memory）と呼ばれる。非陳述記憶にはほかに古典的条件づけなども含まれる。非陳述記憶の特徴は「身体で覚える」タイプであるという点である。楽器演奏はその典型である。

　拙著（田中 2021）で詳しく述べているが，高いスキルを身につけた人の脳が実際に変化していることを検証した研究は限られている。上述のループ回路に関しては，バレエダンサーの基底核の一部の体積がバレエダンサーでない人と比べて小さかったという研究論文が 2010 年に発表された（Hänggi et al. 2010）。続いてピアニストで同じことが確認された（James et al. 2014）。そして筆者らは音大生と一般大生を比較して同様の結果を得た（Sato et al. 2015）。トレーニングを積んで高いスキルを身につけた人は，使うことで発達してむしろ大きくなっているのではないかと予想した研究者にとっては，この結果は意外だった。小さかったということは**プルーニング**（pruning, 刈り込み）が行われた可能性を示唆する。つまり，盆栽のように無駄な枝を取り除いたのである。それを確かめるために機能的ネットワークを解析したところ（Tanaka and Kirino 2016a），やはり機能的結合が減少してネットワークがシュリンク（縮小）していた。

　確かに驚くべき結果であるが，以下のように考えると理解しやすい。ダンスや演奏のトレーニングを重ねることで，脳のなかのプルーニングが進行する。無駄な結合を省いただけではない。残った結合はむしろ強化されていたのである。それによって効率のよい演奏ができるようになり，さらに高いレベルのスキルを身につけることができる。コンサートで長時間にわたる素晴らしい演奏を聴いていてつくづく思うことだが，もし無駄なつながりのある脳内ネットワークで同じことをしようとしたら，過度なエネルギーの消費によって疲労困憊して最後まで演奏できないだろう。脳内の神経回路においても，無駄を省くことは高いレベルのスキルを身につけるために重要なことである。それがよい音や声を出すことにもつながる。

皮質下に無駄を省いたネットワークをつくる一方で，大脳皮質では異種の感覚領野間や運動関連領野との結合が強くなるなど，むしろ広い範囲につながりを広げているのが音楽家の脳の特徴である（田中 2021，田中 2022a）。先ほどの「無駄を省く」という話と逆だが，大脳皮質の大規模なネットワークはつながりを広げることで情報処理機能の量と質を向上させる。いわゆる**連想**（association）という機能である。このような大脳皮質の広範な結合は心的イメージを音楽に統合するのに都合がよい。

　異種感覚モダリティ間の結合の強さは，音を聞いて色が見えるなどの**共感覚**（synesthesia）を生みやすくしている。音楽家に共感覚保持者がよく見受けられるのはこのためだろう。音楽の調にそれぞれの色が見える人もいるが，本人にとってはごく自然なことのようだ（サックス 2014）。共感覚非保持者である私などは，このような話を聞くと，なんの色が見えるかということ以上に「どこに色が見えるのだろう」という疑問を持ってしまう。共感覚保持者の音楽家に聞いたら，多くの人が「頭のなか」と答えた。見える色は人それぞれらしいが，なかには色の代わりに味を感じる人もいるようである。

　共感覚保持者の結合強度が非保持者と比べて強いことは各種イメージング法で確認されているが，**脳波**（electroencephalogram）を用いると信号が流れる方向も推定できる。例えば脳波コヒーレンスの虚数部が位相差を表していることを利用する。これまで共感覚が生じるのはトップダウンとボトムアップの流れによる二つの説が提唱されていたが，最近の研究論文でトップダウン説を支持する結果が報告されている（Brauchli et al. 2018）。上頭頂小葉から色の処理をする高次視覚野への信号の流れが増加していることを示す結果であった。

1.8　演 奏 時 の 脳

　音楽聴取時と演奏時の脳波を比べると，圧倒的に後者のほうが振幅が大きい。しかも振幅が大きい範囲は脳全体に広がるため，全脳で演奏に必要な情報処理を行っているという印象を受ける。演奏は脳にかかる負荷が高いのだろう。で

はどのような情報処理を行っているのだろうか。演奏に必要な脳の情報処理は、準備段階から始まっていて、演奏終了まで多岐にわたることが想像できるが、じつのところ、全貌を解明した研究はない。実験条件的な制約が多いなかで、工夫しながら行ってきた研究を紹介する。

脳内情報処理の研究に有効なネットワーク解析が適しているのは fMRI だが、MRI 装置のなかで不動を保たなくてはならないうえに楽器を持ち込むこともできないため、一般的には演奏実験には不向きである。苦肉の策として、**イメージ演奏実験**（imagined performance experiment）というパラダイムを考案した。被験者に MRI 装置のなかでじっと目を閉じて、コンサート本番の演奏をイメージしてもらうという実験だ。どのくらい集中してできるだろうかという心配はあったが、実際に行ってみると、どの人もかなりリアルに「演奏」できたという感想を得て安心した。実際の演奏に近い脳活動のデータが得られたことが期待できる。

結果の説明に進む前に、ここで脳イメージング法の実験手法を簡単に見ておこう。**脳イメージング法**（brain imaging）とは、脳を見るための手法のことである。脳を見ることには、脳の形態を見ることのほかに脳活動を見ることも含まれる。前者の代表は **MRI**（magnetic resonance imaging, 磁気共鳴画像）である。後者は MRI 装置を用いる fMRI が脳研究の主流だが、ほかにも脳波や fNIRS など複数の手法がある（徳野 2016）。

MRI 装置は最近は多くの病院に設置されているため、体験された方も多いだろう。脳研究に用いる場合はもちろん頭部が装置のなかに入るようにして固定する。仰向けに寝た状態で不動を保つ。装置から大きな機械音が出るため、一般的に音楽実験には不向きである。強い磁場を発生させるためにコイルに大電流を流すのだが、それを高速にスイッチングしているために大きな音が出るのである。

fMRI データは 3 次元の脳の活動状態を一定時間記録したものである。脳の活動状態とは、実際は **BOLD 信号**（blood oxygen level-dependent signal）と呼ばれる信号であり、血液中の酸化ヘモグロビンと還元ヘモグロビンの比率を

表す。脳の活動には酸素を必要とするため，活動度の変化に応じてその比率が変化する。それによる磁性のわずかな変化を MRI 装置で検出できれば，活動度の変化を捉えることができる。数 mm 間隔の情報を取得するため膨大な量のデータになる。これを数秒間隔で繰り返し，時間変化を調べる（筆者らの実験では 2 秒間隔で 200 回繰り返すため 6 分 40 秒の長さのデータになる）。この方法は BOLD 法と呼ばれていて，その原理を確立したのは日本人研究者である小川誠二博士である（Ogawa et al. 1990）。いまや世界中の研究機関や病院で使われている不可欠の技術であり，その貢献度の大きさは特筆に値する。

　脳内ネットワークの解析（機能的結合解析）はつぎのような手順で行う。一定の時間，数 mm 間隔で得られた BOLD 信号のペアごとの相関を取る。相関が高いということは BOLD 信号の時間変化が似ていることを意味する。すなわち，脳活動が似たような時間変化を示す。このようなペアが見つかったら，たとえ空間的に離れていても，**機能的結合**（functional connectivity）の高いペアだと解釈する。機能的結合と構造的結合は異なる。構造的結合は実際の神経線維によって二つの部位がつながっていることを意味するが，機能的結合はそのような場合のほかに，たとえ構造的結合がない場合でも結合があるとみなす場合がある。第三の部位を介して間接的につながっている場合などがあるからである。実質的な信号のやり取りを見る場合は機能的結合に着目することが多い。この解析を脳全体に対して行うことで，脳の機能的ネットワークが抽出される（Whitfield-Gabrieli and Nieto-Castanon 2012）。

　得られたデータを解析した結果，一番印象的だったのは，**補足運動野**（supplementary motor area）を中心としたネットワークが強化されていたことである（Tanaka and Kirino 2017b）。補足運動野は**運動プランニング**（motor planing）の中枢であることが知られている。この実験では**演奏プランニング**（performance planing）をしていたと推測される。演奏プランニングとは，演奏のための情報を集めて具体的に演奏をイメージするプロセスである。実際に楽器を弾いて音を出さなくても，演奏プランニングの一連の脳内情報処理は実演の場合に近いと考えられる。イメージ演奏時の補足運動野は多くの領野と

の機能的結合を強めていることがわかったが，**図1.11**に示すように，視覚関連領野との結合が強くなっていたことは特に興味深い。被験者は実験中は目を閉じていたため，実際に目に見えているものではなくて，視覚イメージが補足運動野との間で共有されたと解釈できる。それに対して，前頭葉内の結合の強化は演奏プランニングおよび（つぎに述べる）ワーキングメモリのための情報処理が行われたことを示している。補足運動野は両者を統合する働きをしていると考えてよいだろう。

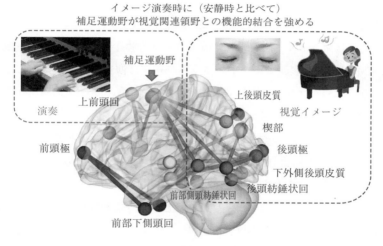

イメージ演奏時に（安静時と比べて）
補足運動野が視覚関連領野との機能的結合を強める

図1.11　イメージ演奏時の補足運動野の機能的ネットワーク（安静時と比べて結合強度が有意に変化したものだけを図示した）

　演奏するには，演奏プランを一時的に脳内に蓄えておく機能が必要である。それを**ワーキングメモリ**（working memory，日本語に訳して作業記憶という場合もある）という。前頭前野にその中枢があると考えられている（田中2019a，田中2021）。短期記憶の一種であるが，これから行うアクションのために一時的に蓄えるものであるという点が本質である。買い物や会話など，私たちは日常生活でつねにワーキングメモリを使っている。演奏は一般に非常に負荷の高いワーキングメモリタスクであり，集中力を必要とする。ワーキングメモリは刺激にセンシティブで壊れやすく，かつ容量も小さい。本番前に神経

質になるのはそのせいでもあり，仕方のないことである。演奏はもちろん長期記憶も使う。その意味で演奏は記憶系全般をフルに活用するタスクであるといえる。音楽と記憶に関してはよい解説がある（Jäncke 2019）。音楽トレーニング自体が記憶力を強化する作用があるという考え方があるが，使えばその機能が向上するというのは音楽に限らない一般法則である。

デフォルトモード・ネットワークは演奏プランニングのネットワークとは機能的に異種のネットワークである。ワーキングメモリや演奏プランニングのネットワークは「実行系」のネットワークであり，デフォルトモード・ネットワークとはむしろ相反関係（たがいに抑制し合う関係）にある。しかし，イメージ演奏時にはデフォルトモード・ネットワークも強化されていた（Tanaka and Kirino 2019）。デフォルトモード・ネットワークは演奏プランニングには直接関わらないため，それとは別に演奏曲と関連した心的イメージの構築がなされたと推測される。イメージ演奏時にデフォルトモード・ネットワークとほかの多くの脳部位との結合が強化されていたことは，デフォルトモード・ネットワークが記憶，身体性，感情，報酬およびさまざまな感覚情報を統合して演奏イメージを構築することを示唆している（田中 2021）。

イメージ演奏時に聴覚野ネットワークはどのような働きをするのか，という疑問が生じる。イメージ演奏は音を出さないため，聴覚が働く余地はないと思うかもしれないが，イメージ演奏をしている被験者の脳内では聴覚イメージを伴う演奏のイメージがつくられ，「演奏」が進行しているはずである。演奏者にはかなりリアルな「音」が聴こえているのではないか。その手がかりを得るために，一次聴覚野と高次聴覚野である**側頭平面**（planum temporale）と**極平面**（planum polare）の機能的ネットワークの解析を行った（Tanaka and Kirino 2022）。この三つの聴覚領野はいずれも側頭葉上部にある（**図 1.12**）。

安静状態と比較して，イメージ演奏時は一次聴覚野と前頭前野との結合度の増加が著しかった。前頭前野からのトップダウンによって，メタ認知やワーキングメモリによるイメージ演奏のコントロールに関係していると推測される。特に興味深いのは，側頭平面と極平面が楔前部との結合度を強めていたことで

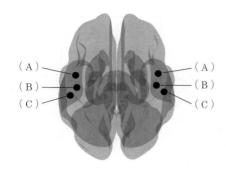

図 1.12　三つの聴覚領野：左右ともに
　　　（A）極平面，（B）一次聴覚野，（C）
　　　側頭平面

ある。この二つの高次聴覚野が音楽の聴覚情報と心的イメージを結びつける働きをしていると考えられる。三つの聴覚領野との機能的結合強度が有意に変化した部位を**図1.13**に示す（Tanaka and Kirino 2022）。図中の小さな黒点は図1.12に示した聴覚領野で，図1.13のA，B，Cが左半球，D，E，Fが右半球のものである。この結果は顕著な右半球優位性を示している。

　以上の機能的結合解析の結果は，聴覚関連領野と認知，記憶および感情に関する部位とのつながりがイメージ演奏時に強化されていたことを示している。あるタスク遂行時に機能的結合が強化されることは，結合強化された複数の部位がある情報を協調して処理することを意味する。したがって今回の解析結果は，演奏をイメージすることが**聴覚情報処理**（auditory information processing）を超えて認知，記憶および感情などとリンクした統合的な情報処理を行うことを示唆している。イメージ演奏時は演奏に関する音を出してはいないため，この処理は実際に音を出すか出さないかにはかかわらずに行われるといえる。音楽以外のこれまでの多くの研究で，連想などの情報統合が脳の右半球優位性を示すことが報告されている。聴覚野ネットワークにもその傾向が反映している。これは演奏のイメージが脳の連想機能を用いていることを意味する。

　脳内聴覚情報処理はコンテンツによって部位やメカニズムが異なるため，活動部位や脳内ネットワークの抽出が理解のための重要な手がかりとなる。聴覚情報処理の左右半球非対称性に関してはかねてから多くの論文で論じられてき

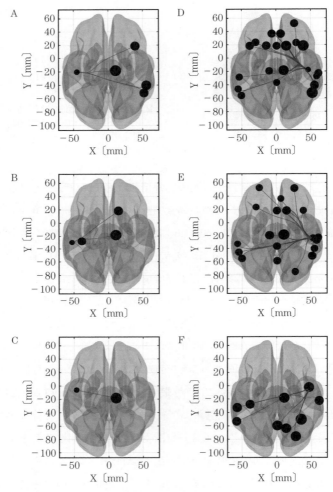

図 1.13 イメージ演奏時に三つの聴覚領野との機能的結合強度
が有意に変化した部位（イメージ演奏 vs. 安静状態）

たが，実験に用いた個別の聴覚情報処理に限定して論じられていることが多く，
包括的な研究はあまり進んでいない。最近の研究は，2021 年に編纂された，
脳の聴覚ドメインの左右半球非対称性に関する特集号（Brancucci and Angen-
stein 2022）を参照されたい。

演奏は脳内の多種多様な情報処理を必要とするため，脳の多くの部位が同時に活動する（岩田 2001）。脳内ネットワークは複数の脳部位をつないで，統合的な情報処理を行う。音楽を聴く，会話をする，休むなど，脳の使い方を変えると，脳全体の大規模ネットワークがダイナミックに変化する。例えば休息しているときは脳の多くの部位が機能的に結合している。なにかを積極的に行っているときは，それに関する情報処理に関わるネットワークが活性化され，ほかはむしろ抑制される。つまり，脳全体の大規模ネットワークは特定の情報処理を担当するいくつものネットワークの集合体であり，それらのネットワークを適宜選択的に切り替えながら日常生活を送っている。これは，あることに意識を集中したり，また別のことを考えたりしている日常を考えると納得がいく。

1.9　オ　ペ　ラ

　ミラーニューロン（mirror neuron）と呼ばれるニューロンがサルの脳にあることが発見されてから，脳科学の研究に新しいページが開かれた。この発見はイタリアのパルマ大学の研究室で運動機能を研究しているときに偶然起きたできごとだった（イアコボーニ 2011）。彼らはマカクザルを使って実験を行っていたが，休憩時間に，なにも実験課題をしていないマカクザルの脳がニューロン活動を示す電気パルスを盛んに発していたことに気づいた。これはなにかと調べたら，人がテーブルの上に置いてある食べ物に手を伸ばすのを見て活動していたのだった。彼らの頭を悩ませたのは，活動したニューロンが視覚系のニューロンではなくて，運動系のニューロンだったことである。つまり自身がアクションを起こすときに活動するニューロンが，他者のアクションを「見ている」ときも活動していたのだ。

　まるで鏡のように反応することでミラーニューロンと名づけられた。この発見を報告する論文が出版された後は，ミラーニューロン活動の意味の解釈を巡って盛んに議論が交わされた。自身がアクションを起こさなくても活動する運動系のニューロンの存在は，アクションの知覚と実行がダイレクトに結合し

ていることを意味する。脳がアクションの知覚と実行を一体化して処理するシステムを持つことの発見は，その後の脳科学の発展に大きな影響を与えることになった。

　サルの実験と並行して，人間にも同様のニューロンがあるのかどうかを検証する実験が行われ，予想どおり人間の脳もミラーニューロンを持っていると考えられる結果が得られた。人間の場合はニューロン活動を直接観察することはできないため，fMRI などの脳イメージング法に頼らざるを得ない。したがって人間の脳で確認できているのはミラーニューロンそのものではなくて，ミラーニューロン・システムあるいはミラーニューロン・ネットワークと呼ばれている。

　オペラ（声楽）の場合は舞台上で音楽に合わせて歌唱と演技をする。観客は演技というアクションを見るため，観客の脳内のミラーニューロンが活動する。ミラーニューロン自体は言語のような認知プロセスを必要としない。まるでテレパシーのように直接伝わるのだが，「アクションを見る」ことで起きるため，テレパシーではない。認知プロセスを介さずに反応するということは，平たくいえば，理屈抜きに感じることができることを意味している。オペラは歌詞と音楽の認知プロセスに加えてミラーニューロン活動によるダイレクトな伝達メカニズムを活用した優れた表現芸術である。

　ところで，歌詞と音楽はミラーニューロン活動に関わるだろうか。オペラでのミラーニューロンの研究例がなかったため，私の研究室にオペラの経験がある声楽家の方々に来ていただいて脳波計測実験を繰り返した。オペラのアリアを歌っているシーンのビデオを視聴覚的に鑑賞しているときと，映像をオフにして聴覚のみで鑑賞しているときの脳波を計測して比較した。脳波でミラーニューロン活動を検出するには，脳の中央部を中心にした領域でのアルファ波（8 〜 13 Hz）のパワー（振幅の 2 乗）に注目する。アルファ波はリラックスしているときに現れることでよく知られているが，一般に，アルファ波のパワーの低下はある情報処理が脳内で行われたことを示す。頭皮マップ上の中央部分のアルファ波のパワーが統計学的に有意に低下していた場合，ミラーニューロン活動が起きたと判断する（Tanaka 2021）。

ここで脳波とはなにかを簡単に説明する。脳波研究の歴史は古く，1924年にドイツの神経科学者ベルガーが人間の脳波を初めて記録したといわれている。ニューロンの活動は細胞膜の電位変化（活動電位の発生など）を伴うため，集団となって頭皮に微弱な電位変化を及ぼす。それを電極で検出して時間変化する波形として表示したものが脳波である。最近の脳波計測技術の進歩による信頼性の向上と，ワイヤレス脳波計の登場などにより，脳科学の研究に用いられるケースが増えている。さらに解析技術の進歩によって，本来の時間分解能の高さというメリットに加えて，信号源推定やネットワーク解析などの精度が向上しているため，新たな知見の発掘も期待されている。

　一般に脳波は複雑な波形をしていて，さまざまな周波数成分を含んでいる（**図 1.14**（ a ））。それぞれの周波数成分の強さを周波数に対して表示したものを**周波数スペクトル**（frequency spectrum）という（図 1.14（ b ））。この図のように，一般に低い周波数の成分ほどパワーは大きく，周波数が高くなるにつれてパワーが小さくなることが多い。パワーは振幅の2乗である。周波数に関しては，低い周波数から順に，デルタ周波数帯（バンド）（1 ～ 4 Hz），シータ周波数帯（4 ～ 8 Hz），アルファ周波数帯（8 ～ 13 Hz），ベータ周波数帯（13 ～ 30 Hz），ガンマ周波数帯（30 ～ 100 Hz およびそれ以上）に分けられる。

　図 1.14（ b ）は1人の声楽家が3通りのタスクを行っているときの脳波パワーの周波数スペクトルを示している。32個の電極のうちの中心（頭蓋頂）の電極（Cz）のものである。3通りのタスクとは，リスニング（開眼），視聴覚鑑賞，および安静状態（開眼）である。安静状態のときは「特定の考えごとをしないでリラックスしていてください」とお願いしている。リスニングと視聴覚鑑賞は同じシーンのビデオを映像なしと映像ありで鑑賞していただくというタスクである。原則として，実験に参加していただく声楽家のレパートリーから選んでいて，図 1.14（ b ）はプッチーニのラ・ボエームのなかの『Quando me'n vò（私が街をあるけば）』（ムゼッタ役 Olga Kulchynska 演）を用いた場合の例である。

　この結果（図 1.14（ b ））の注目すべき点は，視聴覚鑑賞時の脳波パワーがアルファ周波数帯で低下している点と，ガンマ周波数帯で上昇している点であ

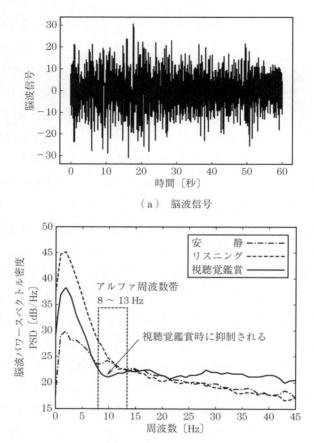

（a） 脳波信号

（b） 周波数スペクトル

図 1.14 脳波信号と周波数スペクトル

る。前者はミラーニューロン活動を示していて，後者は視聴覚情報の統合など
の認知情報処理を反映していると考えられる。この結果に一般性があるかどう
かを確かめるために，この方を含めて 21 名の声楽家に同様の実験（ただし鑑
賞していただくオペラは異なる）を行って，グループ解析を行った（Tanaka
2021）。いま述べた 2 点はグループ解析でも同様に確認できたため，一般性が
あるといえる。

　グループ解析の結果を**図 1.15** に示す。視聴覚鑑賞時のアルファ・パワーは

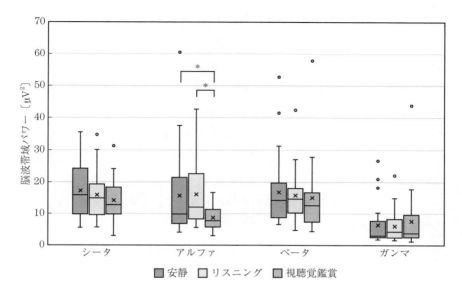

図 1.15 中心電極（Cz）における脳波帯域パワー（統計学的有意差が認められた比較に * をつけた）

安静時のそれと比べて有意に低かった。ところが，リスニング時と安静時のアルファ・パワーは有意差がなかった。これはミラーニューロン活動が，演技を映像で見ているとき（視聴覚鑑賞）は生じるが，映像なしでアリアを聴いているだけ（リスニング）では生じないことを示している（Tanaka 2021）。器楽演奏では聴くだけでミラーニューロン活動が生じるという論文が複数出ているため，これはオペラの特徴である。考えてみれば，コンサート会場でピアノやヴァイオリンの演奏を目を閉じて聴くことはあるが，オペラを目を閉じて聴くことはまずない。むしろ演じている歌手の表情やしぐさを注意深く見ていることが多いだろう。オペラ鑑賞は「見る」ことによって観客がなにかを感じ取っている。しかしオペラ鑑賞を「見る」ことに限定して聴覚入力を遮断したら，意味がわからず楽しめなかったため，脳波計測は行わなかった。

　オペラ鑑賞は登場人物への共感性が強い。ミラーニューロンの発見以来，ミラーニューロン・システムが共感の神経基盤ではないかという仮説を検証するための研究が多数行われている。感情が顔の表情やアクションを伴い，それら

にミラーニューロンがダイレクトに反応するのであれば，言語などの認知プロセスを経なくても，他者の感情を直接「感じる」ことができる。感情の共有あるいは感情移入にミラーニューロン活動は助けとなるだろう。

しかし，それだけではうまく行かないことがある。他者の視点に立つことが必要である（デセティ・アイクス 2016）。他者の視点に立って他者の心理を推測し理解する能力のことを**心の理論**（theory of mind）という。脳の社会的認知機能の一つであり，社会のなかで生きていくためにはなくてはならないものである。オペラでは本来他者である役を演じ，ほかの登場人物の心理も考えながら演じる。また同時に観客が自分たちをどう見ているかということも意識するだろう。自分が演じている役を考えると，その人の気持ちになって行動する（演じる）ということは，自分であることを一時的に抑制して第三者になりきるということである。

演劇『ロミオとジュリエット』を題材にして行った実験がある（Brown et al. 2019）。自分自身として，あるいは特定の第三者として設問に答えているときの fMRI データを解析したものである。自己に関する情報処理をする際の中枢は内側前頭前野にあることが知られている。したがって，自分自身として答えているときは内側前頭前野が活性化されているが，登場人物（第三者）になりきっているときは（疑似一人称），内側前頭前野の活動は抑制され，楔前部の活動が高まるという結果が得られた。他者を演じる際は，自己に関する情報処理が抑制されて，心的イメージ（つぎに述べる身体性シーン構築）を用いることを示唆している。この二つの脳部位（内側前頭前野と楔前部）はデフォルトモード・ネットワークの主要部位である。役を演じる際にデフォルトモード・ネットワークが働くことは興味深いが，それだけではなくて，自己と他者（疑似一人称）の切り替えがこのネットワーク内の脳部位の活動バランスの変化によって行われているとしたら大変面白い（田中 2022b）。

登場人物の動きに対してミラーニューロンが働くことによって，脳内に構築されるメンタル・シーンは**身体性**（embodiment）を帯び，かつ心の理論などの社会的認知も含む。この**シーン構築**（scene construction）のプロセスは複

雑で統合する情報の種類も多いため，大脳皮質の広い範囲に広がる複数のネットワーク間の相互作用も重要な働きをするだろう。オペラや演劇の例で考えると，心的イメージが身体性を帯びることが理解しやすい。日常生活においても私たちが描く心的イメージは，シンボリックな，あるいは絵に描いたようなイメージではなくて，身体性を帯びたものであるという認識が浸透しつつある。これを「心的イメージの新しいフォーマット」と呼ぶ研究者もいる（Palmiero et al. 2019）。

　オペラにおける身体性シーン構築を示唆する研究結果が発表された（Tanaka and Kirino 2021）。その中から，声楽家が心のなかでアリアを歌唱するときの，楔前部の機能的ネットワークを視覚化したものを**図 1.16** に示す。42 名の声楽

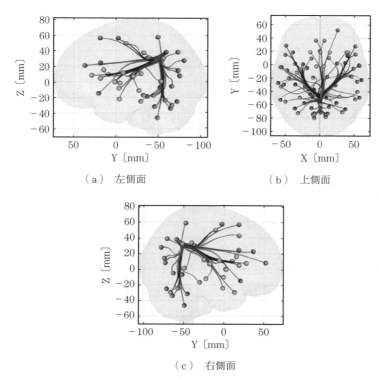

（a）　左側面　　　　　　　　　　（b）　上側面

（c）　右側面

図 1.16　イメージ歌唱時の楔前部の機能的ネットワーク

家の fMRI データを解析して得られたものである。脳の多くの部位との機能的結合，すなわち情報のやり取りがあることを示している。楔前部はシーン構築の中枢であることは繰り返し述べてきた。結合部位の詳細な説明は割愛するが，言語ネットワークやミラーニューロン・ネットワークなどとの結合は，構築したメンタルシーンが言語性や身体性を帯びていることを示唆している。

　シーン構築はオペラや演劇だけでなく器楽を含む音楽全般でも同様に重要な脳機能である。人とのコミュニケーションにおいても，あるいは 1 人でなにかを考えているときも，脳はこの機能を使っている。シーン構築はエピソード記憶が持つ身体性や感情をベースにしている。思考はそれに追随する形で，脳による解釈を経て形成されるのだろう。時間がたった後に意識に上ることも少なくない。

1.10　心の痛みです

　森絵都さんの短編小説『太陽』（森絵都 2020）のストーリーが面白い。奥歯が痛みだして歯科医に診てもらったが，虫歯ではなかった。検査の結果，奥歯にはなんの問題も見つからなかった。

太陽

「でも痛いんです」

「わかります。理由がないと言われても，痛いものは痛い。その痛みに嘘はないでしょう。ご本人にとっては耐えがたい実体を伴った痛みであるはずです。私はそれを，代替ペイン，と呼んでいます。（中略）つまり，こういうことです。加原さんの中で実際に痛んでいるのは，歯ではなくて別の部分です。歯はその身代わりとして痛みを引き受けているのです」

「別の部分？」

「端的に申し上げれば，心です」

（中略）

> 頭の整理がつかないまま，私は力なく診察室を後にし，受付で会計を済ま
> せた。
> 「お好きなときに服用してください」
> 薬は効かないはずなのに，受付嬢はなぜだか内服薬の袋を差し出した。
> 「好きなときに？」
> 「ほんの気持ちです，風間先生からの」
> 悪戯っぽい笑みの意味を知ったのは，表へ出てからだ。内服薬の袋をのぞ
> くと，そこには，小さくて茶色くて四角い影が三つ。キャラメルだ。

　痛み（pain）を感じているときに活性化する脳内ネットワークがある。**セイ
リエンス・ネットワーク**（salience network）という。この小説の話を裏づけ
るように，このネットワークは体の痛みにも心の痛みにも反応する。セイリエ
ンス・ネットワークは大脳の**島皮質**（insular cortex）と内側面の**前部帯状回**
（anterior cingulate gyrus）からなる（**図 1.17**）。慢性的な痛みを抱えている患
者の脳を調べた研究でも，このネットワークの過度な活性化が認められている
（Kim et al. 2018）。

　痛みは主観的な感情である。他者が例えばナイフで手を切りそうになるビデ
オを見ると，見ている人の脳のセイリエンス・ネットワークが活性化する

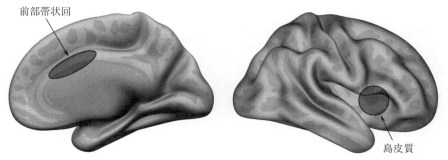

（a）　右半球内側面　　　　　　　（b）　右半球外側面

図 1.17　セイリエンス・ネットワークを構成する主要部位

(Bernhardt and Singer 2012)。まただれかが無視される，あるいは不当な扱いを受けるところなどを見る場合にも心が痛むが，そのとき同様の活性化が起きている（Rotge et al. 2015）。活性化の度合いはその人との人間関係にも依存する。もちろん自分自身のことでも起きる。先ほどの『太陽』の話では，特別に大切にしていた黄色い豆皿を割ってしまって，ショックで捨てられなくて，流しに置いたままになっていた。心の痛みの原因を探るための診察（心の探検）を重ねて，2人はついに真犯人を突きとめた。

太陽

「でも……でも所詮，豆皿は豆皿ですよ。しつこいようですけど，世界は今ひどい状況で，前代未聞の危機に瀕していて……。（中略）こんなときに，豆皿一枚で，私は……」

「こんなときだからこそじゃないですか。（中略）こんなときだからこそ，あなたはいつも以上にその豆皿を必要としていたはずです。そんな折に太陽を失った。その打撃は計りしれません。それだけあなたがそのお皿を大切にしていたってことです。僕は素敵だと思います。素敵な犯人です」

素敵な犯人。すべてを肯定してくれるその一語に，肩からふっと力が抜けた。私を縛っていた何かがほつれる。滞っていた感情が流れ出す。

「風間先生。私，豆皿のことで悲しんでもいいんですか」

「もちろんです。悲しんでください。思う存分，どっぷりと。その代替ペインが消えるまで，心の痛みをつくしてください」

「十分に悲しめば，痛みは消えますか」

「消えます。もうすでに消え始めているはずです」

「あ……」

痛みの緩和にデフォルトモード・ネットワークが関わっていることがわかってきた。慢性的に体の痛みを感じる疾患の患者は，健常者に比べてセイリエンス・ネットワークがデフォルトモード・ネットワークをより強く抑制している

（Hsiao et al. 2017）。この抑制の強さが痛みと関係ありそうだ。デフォルトモード・ネットワークがマインドワンダリングをしているときに活動するという話を思い出してほしい（1.5 節を参照）。気を紛らせると痛みが和らぐことがあるが，デフォルトモード・ネットワークが抑制されていると気を紛らせることも容易ではない。したがって，デフォルトモード・ネットワークを抑制から開放することが痛みの緩和には必要なのではないか。ではなにがこの抑制を開放できるだろうか。

　音楽は痛みを和らげる効果があることはだれもが経験的に知っている。それは音楽にはデフォルトモード・ネットワークの抑制を開放する（あるいは弱める）効果があるからかもしれない。この仮説の検証を目的とした実験を順天堂大学との共同研究で行った（Usui et al. 2020）。線維筋痛症の患者 21 名にモーツァルトの『ヴァイオリンとヴィオラの為の二重奏曲 ト長調 K.423』(1783 年)の全楽章を聴いてもらった（静かな部屋で，あらかじめ購入した音源と高品質ヘッドホンを用いた）。その前後に痛みの計測データと fMRI データを取り，さらに機能的結合解析を行った。

　結果はセイリエンス・ネットワークとデフォルトモード・ネットワークをつなぐ機能的結合が弱くなっていたことを示していた。この二つのネットワークは相互抑制の関係にある。相互抑制が強いと，痛みを感じているときに活性化するセイリエンス・ネットワークがデフォルトモード・ネットワークに強い抑制をかけてしまう。音楽を聴くことで二つのネットワーク間の機能的結合が弱くなれば，デフォルトモード・ネットワークが抑制から解放されやすくなる。この曲を聴く前後の痛みの緩和と機能的結合の変化はいずれも統計学的有意差があった。この研究によって，音楽によって痛みが和らぐメカニズムにはデフォルトモード・ネットワークが関わっていることがわかった。

　痛みは危険を回避して生命を守るための重要な働きをしている。体にも心にも痛みはないほうがよいと思うかもしれないが，痛みを感じることができないと私たちは生きていくことができない。体の痛みだけではない。心の痛みもしかりである。もし心の痛みをまったく感じない（感じられない）人がいたとし

たら，日々の生活のなかでどのようなことが起きるだろうか。殺伐とした光景を見ることになるかもしれない。他者の心の痛みを理解できることは大切である。それと同じくらい，自分の心の痛みに気づくことも重要である。その働きは日常生活のさまざまな営みのなかで活かされている。この実験結果が示唆するように，音楽がセイリエンス・ネットワークにも作用するとすれば，そこから二次的にいろいろな影響が及ぶことも考えられる。

　興味深い論文がある（Lordier et al. 2019）。スイスの研究グループの論文であるが，39 人の未熟児をランダムに二つのグループに分けて，20 人に音楽を聴かせた。起きているときに 8 分間の音楽を週に 5 日のペースで聴かせて，後の 19 人には環境音を聞かせた。最後に fMRI 撮像を行い両グループの脳内ネットワークの比較をしたものである。解析の結果，環境音を聞かせたグループと比べて，音楽を聴かせたグループのセイリエンス・ネットワークと聴覚野，感覚運動野，上前頭回との機能的結合が統計学的有意差をもって強くなっていたことを見出した。実験終了時には満期出産の新生児のレベルに近づいていたとのことである。脳が未熟なこの段階においても，適切な感覚刺激によって脳の発達が促されることを示した貴重な研究論文である。

　もしセイリエンス・ネットワークがうまく働かないと，それが**音楽無感症**（musical anhedonia）の原因になり得ることが研究で示唆されている。音楽無感症とは，音楽を聴いても審美的楽しみや感情を感じないことが特徴の症状である。セイリエンス・ネットワークの主要ノードである島皮質は多重感覚の統合部位として，外部からの感覚情報と身体内部の情報の統合を行っている。音楽無感症の人の脳は聴覚野からの情報が島皮質に届きにくくなり，身体内部の情報との統合ができなくなる結果，音楽に感動しないと考えられている（川畑・森 2018）。

　以上のことを考え合わせると，音楽の審美性に敏感な音楽家は，喜びとともに心の痛みも人一倍感じながら生きていく運命にあるということだろうか……。

1.11 胸 の 映 写 機

「心で見なくちゃ，ものはよく見えない。大切なものは，目には見えないん
だよ」（サン＝テグジュペリ 2006）という小説『ちいさな王子』のキツネの
言葉は，本章の文脈ではまさにデフォルトモード・ネットワークの働きを連想
させる。自分の外の見えるものや聞こえるものだけに意識が向いているときは
気がつかないものがある。音楽に限らず芸術は心の内面に意識を向ける機会を与
えてくれる。そのとき，過去の自分と将来の自分がいまの自分の心のなかでクロ
スオーバーし，豊かな感情を伴って，外の世界をイメージすることができる（心
の目で見ることができる）。本章は，音楽と社会的認知や感情との関連をそのよう
な観点から解説した。私たちは心に映写機持っている。音楽はシーンをつくる。

井上ひさし最後の戯曲『組曲虐殺』（初演 2009 年）は音楽劇である。命を
削りながら書いたこの戯曲には，ひさしさんのどうしても伝えたい熱い思いと
いうものがあったのだろう。「小林多喜二君，絶望するな！」と瀧子が叫ぶシー
ンで，観客は瀧子に，そして多喜二に自分を重ね合わせて感涙する。この戯曲
は理不尽な社会のなかで信念に生きた，そして無情にも命を奪われた多喜二と
優しい心を持った人間たちを描きながら，人の命の大切さを訴えている。クラ
イマックスの八場での会話を見てみよう（井上ひさし 2010）

組曲虐殺

多喜二：　　体ごとぶつかって行くと，このあたりにある映写機のようなも
　　　　　　のが，カタカタと動き出して，そのひとにとって，かけがえの
　　　　　　ない光景を，原稿用紙の上に，銀のように燃えあがらせるんです。
　　　　　　ぼくはそのようにしてしか書けない。モノを考えることさえで
　　　　　　きません。

山本刑事：　（つぶやくように）……かけがえのない光景？

多喜二：　　そのときそのときに体全体で吸い取った光景のことかな。ぼく

はその光景を裏切ることはできない。その光景に導かれて前へ
前へと進むだけです。

　この音楽劇の「こまつ座＆ホリプロ公演」は声楽出身の井上芳雄が主演（小
林多喜二役）を務めている。多喜二とほかの登場人物が歌う『胸の映写機』を
引用して，本章を閉じたい。

胸の映写機
カタカタまわる　胸の映写機
きみの笑顔を　写し出す
たとえば——
二階の窓から　手を振るきみを
浜辺を歩く　裸足のきみを
くらやみ走る　雄々しいきみを
きみのひとみに　写ったぼくを
ぼくにいのちが　あるかぎり
カタカタまわる　胸の映写機

カタカタまわる　胸の映写機
ひとの景色を　写し出す
たとえば——
一杯機嫌の　さくらのはるを
パラソルゆれる　海辺のなつを
黄金（こがね）の波の　稲田のあきを
布団も凍る　吹雪のふゆを
ひとにいのちが　あるかぎり
カタカタまわる　胸の映写機

引用・参考文献

〈日本語の文献〉

ニコラウス・アーノンクール 著, 那須田務, 本多優之 訳(2006): 音楽は対話である: モンテヴェルディ・バッハ・モーツァルトを巡る考察(改訂第2版), アカデミア・ミュージック

マルコ・イアコボーニ 著, 塩原通緒 訳 (2011): ミラーニューロンの発見 ―「物まね細胞」が明かす驚きの脳科学, ハヤカワ文庫 NF, 早川書房

石津智大 著, 渡辺 茂 コーディネーター(2019): 神経美学 ― 美と芸術の脳科学 ―, 共立出版

井上ひさし (2010): 井上ひさし全芝居 その七, 新潮社

岩田 誠 (2001): 脳と音楽, メディカルレビュー社

太田信夫 監修, 中島祥好, 谷口高士 編 (2021): 音響・音楽心理学 19, 北大路書房

苅部冬紀, 高橋 晋, 藤山文乃 (2019): 大脳基底核 ― 意思と行動の狭間にある神経路 ―, 共立出版

川畑秀明, 森 悦朗 編 (2018): 情動と言語・芸術 ― 認知・表現の脳内メカニズム ―, 朝倉書店

S・ケルシュ 著, 佐藤正之 編訳 (2016): 音楽と脳科学 ― 音楽の脳内過程の理解をめざして, 北大路書房

源河 亨 (2019): 悲しい曲の何が悲しいのか 音楽美学と心の哲学, 慶応義塾大学出版会

スザンヌ・コーキン 著, 鍛原多惠子 訳 (2014): ぼくは物覚えが悪い ― 健忘症患者 H・M の生涯, 早川書房

S・M・コスリン, W・L・トンプソン, G・ガニス 著, 武田克彦 監訳 (2009): 心的イメージとは何か, 北大路書房

マイケル・コーバリス 著, 鍛原多惠子 訳 (2015): 意識と無意識のあいだ ―「ぼんやり」したとき脳で起きていること, ブルーバックス, 講談社

オリヴァー・サックス 著, 大田直子 訳 (2014): 音楽嗜好症 (ミュージコフィリア) ― 脳神経科医と音楽に憑かれた人々, ハヤカワ文庫 NF, 早川書房

佐藤正之, 冨本秀和 (2015): 健忘症候群, 脳科学辞典, https://bsd.neuroinf.jp/wiki/

健忘症候群（2022 年 9 月現在）

サン＝テグジュペリ 著，野崎　歓 訳（2006）：ちいさな王子，光文社古典新訳文庫，光文社

P.N. ジュスリン，J.A. スロボダ 編，大串健吾，星野悦子，山田真司 監訳（2008）：音楽と感情の心理学，誠信書房

新日本聖書刊行会 訳（2017）：聖書 新改訳 2017，いのちのことば社

ラリー・スクワイア，エリック・カンデル 著，小西史朗，桐野　豊 監修（2013）：記憶のしくみ（上・下），ブルーバックス，講談社

鈴木宏昭 編著（2020）：プロジェクション・サイエンス — 心と身体を世界につなぐ第三世代の認知科学，近代科学社

西洋比較演劇研究会 編（2011）：新訂ベスト・プレイズ 西洋古典戯曲 12 選，論創社

田中昌司（2019a）：ダイナミカル・システムとしての脳（増大特集 人工知能と神経科学），BRAIN and NERVE，71（7），pp.657-664

田中昌司（2019b）：音楽家の脳を視る（特集 科学と芸術の接点），生体の科学，70（6），pp.495-499

田中昌司（2021）：音大生・音楽家のための脳科学入門講義，コロナ社

田中昌司（2022a）：音楽家の脳内ネットワーク（特集Ⅰ 音楽と精神医学），精神科，41（1），pp.21-29

田中昌司（2022b）：脳科学で観る演劇の「もう一つの舞台」，演劇学論集，74，pp.21-40

アントニオ・ダマシオ 著，田中三彦 訳（2010）：デカルトの誤り — 情動，理性，人間の脳，ちくま学芸文庫，筑摩書房

ジャン・デセティ，ウィリアム・アイクス 編著，岡田顕宏 訳（2016）：共感の社会神経科学，勁草書房

徳野博信 編，宮内　哲，星　詳子，菅野　巖，栗城眞也 著（2016）：脳のイメージング，共立出版

野村三郎 著（2012）：「音楽的」なピアノ演奏のヒント 豊かなファンタジーとイメージ作り，音楽之友社

藤波　努（2012）：音楽する脳，知能と情報，24（1），pp.8-13

エトムント・フッサール 著，浜渦辰二，山口一郎 監訳（2012）：間主観性の現象学 その方法，ちくま学芸文庫，筑摩書房

フィリップ・ボール 著，夏目　大 訳（2011）：音楽の科学 音楽の何に魅せられるのか？，河出書房新社

森　絵都（2020）：太陽，小説トリッパー 2020 年夏号，pp.318-334

デイヴィッド・J・リンデン 著，岩坂　彰 訳（2014）：快感回路 なぜ気持ちいいのか なぜやめられないのか，河出文庫，河出書房新社

〈英語の文献〉

Bernhardt, B. C. and Singer, T.（2012）：The Neural Basis of Empathy, *Annual Review of Neuroscience*, 35, pp.1-23

Brancucci, A. and Angenstein, N.（2022）：Editorial：Hemispheric Asymmetries in the Auditory Domain, *Frontiers in Behavioral Neuroscience*, 16：892786

Brauchli, C., Elmer, S., Rogenmoser, L., Burkhard, A. and Jäncke, L.（2018）：Top-Down Signal Transmission and Global Hyperconnectivity in Auditory-Visual Synesthesia：Evidence From a Functional EEG Resting-State Study, *Human Brain Mapping*, 39（1）, pp.522-531

Brown, S., Cockett, P. and Yuan, Y.（2019）：The Neuroscience of *Romeo and Juliet*：An fMRI Study of Acting, *Royal Society Open Science*, 6（3）, 181908

Corkin, S.（2002）：What's New with the Amnesic Patient H. M.?, *Nature Reviews. Neuroscience*, 3（2）, pp.153-160

Hänggi, J., Koeneke, S., Bezzola, L. and Jäncke, L.（2010）：Structural Neuroplasticity in the Sensorimotor Network of Professional Female Ballet Dancers, *Human Brain Mapping*, 31（8）, pp.1196-1206

Hassabis, D. and Maguire, E. A.（2007）：Deconstructing Episodic Memory with Construction, *Trends in Cognitive Sciences*, 11（7）, pp.299-306

Holmes, E. A. and Mathews, A.（2010）：Mental Imagery in Emotion and Emotional Disorders, *Clinical Psychology Review*, 30（3）, pp.349-362

Hsiao, F.-J., Wang, S.-J., Lin, Y.-Y., Fuh, J.-L., Ko, Y.-C., Wang, P.-N. and Chen W.-T.（2017）：Altered Insula-Default Mode Network Connectivity in Fibromyalgia：A Resting-State Magnetoencephalographic Study, *The Journal of Headache and Pain*, 18（1）, p.89

James, C. E., Oechslin, M. S., Van De Ville, D., Hauert, C.-A., Descloux, C. and Lazeyras, F.（2014）：Musical Training Intensity Yields Opposite Effects on Grey Matter Density in Cognitive Versus Sensorimotor Networks, *Brain Structure and Function*, 219（1）, pp.353-366

Jäncke, L.（2019）：Music and Memory, *The Oxford Handbook of Music and The Brain*, pp.237-262

Kim, J., Kang, I., Chung, Y.-A., Kim, T.-S., Namgung, E., Lee, S., Oh, J. K., Jeong, H. S., Cho, H., Kim, M. J., Kim, T. D., Choi, S. H., Lim, S. M., Lyoo, I. K. and Yoon, S. (2018): Altered Attentional Control over the Salience Network in Complex Regional Pain Syndrome, *Scientific Reports*, 8 (1), p.7466

Lordier, L., Meskaldji, D.-E., Grouiller, F., Pittet, M. P., Vollemweider, A., Vasung, L., Borradori-Tolsa, C., Lazeyras, F.,Grandjean, D., Van De Ville, D. and Hüppi, P. S. (2019): Music in Premature Infants Enhances High-Level Cognitive Brain Networks, *Proceedings of the National Academy of Sciences of the United States of America*, 116 (24), pp.12103-12108

Ogawa, S., Lee, T. M., Kay, A. R. and Tank, D. W. (1990): Brain Magnetic Resonance Imaging with Contrast Dependent on Blood Oxygenation, *Proceedings of the National Academy of Sciences of the United States of America*, 87 (24), pp.9868-9872

Olszewska, A. M., Gaca, M., Herman, A. M., Jednoróg, K. and Marchewka, A. (2021): How Musical Training Shapes the Adult Brain:Predispositions and Neuro-Plasticity, *Frontiers in Neuroscience*, 15, 15:630829

Palmiero, M., Piccardi, L., Giancola, M., Nori, R., D'Amico, S. and Belardinelli, M. O. (2019): The Format of Mental Imagery:From a Critical Review to an Integrated Embodied Representation Approach, *Cognitive Processing*, 20 (3), pp.277-289

Regev, M., Halpern, A. R., Owen, A. M., Patel, A. D. and Zatorre, R. (2021): Mapping Specific Mental Content during Musical Imagery, *Cerebral Cortex*, 31 (8), pp.3622-3640

Richter, F. R., Cooper, R. A., Bays, P. M. and Simons, J. S. (2016): Distinct Neural Mechanisms Underlie the Success, Precision, and Vividness of Episodic Memory, *eLife*, 5:e18260

Rotge, J. Y., Lemogne, C., Hinfray, S., Huguet, P., Grynszpan, O., Tartour, E., George, N. and Fossati, P. (2015): A Meta-Analysis of the Anterior Cingulate Contribution to Social Pain, *Social Cognitive and Affective Neuroscience*, 10 (1), pp.19-27

Sato, K., Kirino, E. and Tanaka, S. (2015): A Voxel-Based Morphometry Study of the Brain of University Students Majoring in Music and Nonmusic Disciplines, *Behavioural Neurology*, 2015:274919

Schacter, D. L., Addis, D. R. and Buckner, R. L. (2008): Episodic Simulation of Future Events:Concepts, Data, and Applications. *Annals of the New York Academy of Sciences*, 1124, pp.39-60

Tanaka, S. (2021) : Mirror Neuron Activity During Audiovisual Appreciation of Opera Performance, *Frontiers in Psychology*, 11:3877

Tanaka, S. and Kirino, E. (2016a) : Functional Connectivity of the Dorsal Striatum in Female Musicians, *Frontiers in Human Neuroscience*, 10:178

Tanaka, S. and Kirino, E. (2016b) : Functional Connectivity of the Precuneus in Female University Students with Long-Term Musical Training, *Frontiers in Human Neuroscience*, 10:328

Tanaka, S. and Kirino, E. (2017a) : Reorganization of the Thalamocortical Network in Musicians, *Brain Research*, 1664, pp.48-54

Tanaka, S. and Kirino, E. (2017b) : Dynamic Reconfiguration of the Supplementary Motor Area Network during Imagined Music Performance, *Frontiers in Human Neuroscience*, 11:606

Tanaka, S. and Kirino, E. (2019) : Increased Functional Connectivity of the Angular Gyrus During Imagined Music Performance, *Frontiers in Human Neuroscience*, 13:92

Tanaka, S. and Kirino, E. (2021) : The Precuneus Contributes to Embodied Scene Construction for Singing in an Opera, *Frontiers in Human Neuroscience*, 15:737742

Tanaka, S. and Kirino, E. (2022) : Right-Lateralized Enhancement of the Auditory Cortical Network During Imagined Music Performance, *Frontiers in Neuroscience*, 16, p.26

Taruffi, L., Pehrs, C., Skouras, S. and Koelsch, S. (2017) : Effects of Sad and Happy Music on Mind-Wandering and the Default Mode Network, *Scientific Reports*, 7 (1), p.14396

Usui, C., Kirino, E., Tanaka, S., Inami, R., Nishioka, K., Hatta, K., Nakajima, T., Nishioka, K. and Inoue, R (2020) : Music Intervention Reduces Persistent Fibromyalgia Pain and Alters Functional Connectivity Between the Insula and Default Mode Network, *Pain Medicine* 21 (8), pp.1546-1552

Whitfield-Gabrieli, S. and Nieto-Castanon, A. (2012) : Conn:A Functional Connectivity Toolbox for Correlated and Anticorrelated Brain Networks, *Brain Connectivity*, 2 (3), pp.125-141

Zeidman, P., Mullally, S. L. and Maguire, E. A. (2015) : Constructing, Perceiving, and Maintaining Scenes:Hippocampal Activity and Connectivity, *Cerebral Cortex*, 25 (10), pp.3836-3855

2 身体に作用する音楽

2.1 音楽が身体によいという統計学的な根拠はあるか

　現代の多くの人たちは，音楽を演奏したりつくったりするよりは聴くことが一般的だろう。音楽を聴いて気分が落ち着いたり元気になったりと，音楽には心身に及ぼしそうな効果があるように感じられる。作詞家や作曲家もある程度はそのような影響が生じることを想定している。したがって「この楽曲で私は元気になる」ということは，音楽家の思いが通じたということで問題はない。しかし，「音楽を聴くと人は元気になる」という言い方は以下の理由で正しくない。

　例えばある人には聴くと元気になる楽曲が全部で 100 曲あるとして，その人が「音楽を聴くと元気になる」と言い切るためには，知っている楽曲は全部で 105 曲くらいでないと統計学的に誤りになる。しかし現代社会に普通に生活していれば，認知している楽曲や聴いたくらいはある楽曲，なんとなく知っている楽曲など，一般には 1 000 曲以上が記憶されているといわれており，世界のインターネット上の音楽フォーラムなどでは平均で 4 000 曲を超えるというものまである。

　げんに，日本のポピュラー音楽に限っても毎月 1 000 件以上のアーティスト情報があり，2015 〜 2016 年のアーティスト・インデックスに掲載されているアーティスト情報は 1 746 件であったという（平石 2016）。この知見から，知っている楽曲を 1 000 曲だとするとそのうち 100 曲が「聴くと元気になる曲」ということであれば，それはわずか 1 割に過ぎない。これでは「音楽を聴くと元

気になる」ことは「ない」ほうが多いということになる。

　このような考え方は，統計学という学問の上に成り立っており，ある事象（ここでは「音楽を聴くと元気になる」という事実）を意味のあることであるというために必要な数学上の「決めごと」として定着している。これらのことから「音楽を聴くと元気になる」ということを正しいとするのは統計学的には難しい。逆に，ある人がある楽曲を聴くと「元気になる」という場合は正しい使い方である。しかし，統計学的に日本で普遍的に「元気になる」といえるためには，年齢性別を問わず多くの人から意見を聞いてそのうちのおよそ 95 ％以上に「元気になる」といわれないと「元気になる」とはいえないのである。

　これはなにも音楽に限ったことではない。よく子供たちが「みんな持ってるよ」というときに，「みんなってだれ？」と聞くと「A ちゃんと B ちゃん」などと答えが返ってくることは経験されていることだと思う。日本に住んでいる人々はおそらく 1 億 2 000 万人ほどと推定されるが，1 人の子供の知っている範囲が 1 クラスと登下校，塾やクラブ活動などを合わせても 50 人くらいだとすれば，その中で 5 人くらいが持っていると「みんな」といってしまう。

　このようなことを書くとおかしいと思われるかもしれないが，それがマスコミをはじめとして日本人の使う「みんな」を代表する考え方といっても過言ではない。疾病により余命宣告された方が**音楽療法**（music therapy）によって 3 か月の延命を得られたとすると，関係された音楽，医療関係者の方々が「効果があった」といわれる。これは紛れもない事実である。しかしながら，効果がなかった方々がこれまでに何人いたのか，その上に立っての「効果」であったことが大きな驚きをもって迎えられた理由なのだと考えられる。

　以上のように，有効か無効かだけを問う姿勢では音楽の豊かな作用を論じることはできないため，本章ではそのような表現はなるべく控えて，いくつかの実験データなどを示しながら考察することにする。読者のみなさまにはなにかの糧にしていただければ幸いである。本章では十数項目の実験結果をあげて，音楽の心身への作用について解説する。その結果は一般的であるように見える

が，**普遍性**（universality）があるということはできない。すべての実験結果は実験参加者の平均値であり，参加者以外のだれにでも当てはまるわけではないことに注意していただきたい。

　人類が創成した言語の一形態ともいわれる音楽への応答については，多くの人々が日々研究を重ね，いろいろな証拠が得られてきている。しかしながら，十分に普遍的であるといえるほどの大規模研究はほとんどない。音楽ほど人々の生活や社会に深く根づいている高次脳機能刺激原であり社会の潤滑油であるものが，公衆衛生学の一章でも免疫学の一章でもなく，ましてや生理学や生化学の教科書にさえ存在しないのは軽んじられているからではなく，それに足るだけの考証が得られていないからだと信じたい。

2.2　音楽の効果

　音階とリズムの奏でる音響のうち，単音やホワイトノイズのような無音階，無リズムなものを除いたものを音楽と規定する。それらのなかで楽器の演奏や人の歌声だけでなく，水の流れや風の息，海岸近くでの波の音などの物理現象にも 1/f ゆらぎがあるといわれている。1/f ゆらぎとは，パワーが周波数 f に反比例するという特性を持つゆらぎのことである。その場合，規則的なものと不規則なものがほどよく調和していて，自然で心地よく快適な気分になる。また，文学的な表現を借りれば，そよ風に揺られる木の葉のささやき，鳥のさえずり，昆虫やカエル，ヤモリなどの動物の鳴き声，そのほか身の回りの多くの音は多くの日本人の感情や気分を穏やかにする。

　虫の音一つをとっても，日本人は自然の音を古くから愛好してきた。『枕草子』や『源氏物語』にも虫の音が見られることは，日本人の聴覚特性を考えるうえで今後重要になるのではと考えられている。ヨーロッパやニュージーランドから来た知人がセミの声を聞き「noisy!!」といったのが印象的で，セミの声を聞くとしばしば彼らを思い出す。これは育ってきた環境のなかに多くのセミが鳴くという現象を体験してこなかったから当然といえる。日本人には大音響で鳴

くクマゼミの声でさえ「ミ～ンミ～ン」と鳴いているように聞こえる人もいるというのに（加藤 2010），馴染みのない人たちにとってセミの声はただの騒音に過ぎない。

　秋の虫では，コオロギ類とキリギリス類の鳴き声の音響特性は日本人の心身に影響するが，感情（心）と脳波のアルファ波（身）の関係は単純ではなく，さまざまな要因が絡む（穂積ほか 2009）。キリギリス類の鳴き方はコオロギ類と比べ，リズムに乏しいことは否めない。また，好みの音楽であっても音楽のリズムパターンが異なればアルファ波が出現するとは限らない。音に対する反応には個人の感性の違いも大きく影響している。

　私たちはにぎやかな音や声に囲まれて生活しているが，同じところから発せられる音が場合によっては人の感情や気分を不安にもさせ，恐れさせもすることがある。大音響の不協和音や嫌いな音楽，濁流や暴風の音，荒れ狂う波の音，夜中の犬の吠え声などである。気分を安定させるといわれる海の波の音でも，高く寄せて砕ける波の音が大きければ快さは減少し，また高く寄せる波に観察者が近づくと次第に恐怖感が増す（灘岡・玉嶋 1989）。このように，身近な音でも状況次第で心身への影響は変わってくる。

　短い文章を読むだけでもさまざまな記憶が引き出されることがある。この文章を読んでいる人の脳にはたくさんの記憶があり，その中には音の記憶やリズムの記憶，声の記憶と音楽にまつわる記憶があるはずである。音だけでなく情景やそのときの自分の状況，ときには匂いや痛みまでもが思い出されてくるかもしれない。深層の**無意識**（unconscious）に沈んでいた記憶が蘇ってくることさえ珍しいことではない。

　歌を歌ったり演奏したりという練習による成果は非陳述記憶（1.7 節を参照）であることが多い。音楽やリズムの記憶が無意識の領域に残るのは，おそらくそれらの学習に**小脳**（cerebellum）や線条体が関与するためだろう。小脳のシナプスにも可塑性が見出されており，音楽を聴いたり，演奏を繰り返したりするうちに誤差を検出，修正しながら定着させることが示されている（Nishiyama 2014）。それだけでなく，小脳は大脳皮質との連携により運動プランニングと

ワーキングメモリ（1.8節を参照）を調節している（Gao et al. 2018）。

　アマチュア音楽家と非音楽家を比べた研究では，アマチュア音楽家のほうが
ワーキングメモリの更新が速いことが示され（George and Coch 2011），より
多くの神経リソースが音楽に割り当てられていることを示唆している。このよ
うに，音楽は人間に**中枢神経系**（central nervous system）レベル（大脳や小脳
など）での影響を与えるほか，トレーニングにより神経回路の再構築につなが
るようである（第1章を参照）。

　ヒト以外の動物に音楽を聞かせた実験結果を論じた報告は多く見られ，ここ
に記載したなかにも動物実験から得られた結果が含まれている。その中に興味
ある論文があるため紹介させていただく。2013年にイグノーベル賞を受賞さ
れた新見正則先生の研究グループの，オペラ音楽の聴覚刺激がマウスの心臓同
種移植片の生存を延長させた（Uchiyama et al. 2012）という報告である。

　それによると，心臓を移植したマウスは免疫の拒絶反応によっておよそ7日
で死ぬが，オペラ『椿姫』を聞かせ続けると平均40日，モーツァルトの音楽
を聞かせ続けると平均20日生存期間が延び，単一音およびアイルランドの歌
手エンヤ（Enya Patricia Brennan）の音楽を聞かせ続けても生存期間は延びな
かった。その理由として，オペラを聞かせた場合に炎症を促進するサイトカイ
ンであるインターロイキン-2（IL-2）とインターフェロン-ガンマ（IFN-γ）
の産生抑制と，炎症を抑制するサイトカインであるIL-4とIL-10の産生増加
が誘導され，細胞性免疫を抑制した，つまり拒絶反応を抑制したと考えられる。
マウスがオペラの言語を理解するとは到底考えられないため，これは音楽全体
の音響と構成の影響と思われる。

　もう一つ別の例として**ソルフェジオ周波数**（solfeggio frequency）を使用し
た実験がある。ソルフェジオ周波数という九つの特定の音が古くから知られて
いるが，その中の一つである528 Hzの単一音を100 dBでラットに聞かせ続け
た（Daylari et al. 2019）。その結果，ラットの脳内のStAR[†]（steroidogenic

---

† 抗ストレスホルモンであるステロイドホルモンを合成するために必要な因子の一つ。

acute regulatory protein）と SF-1[†1]（steroidogenic factor-1）を増加させ，P450 アロマターゼ[†2]遺伝子の発現を減少させることによって脳内の男性ホルモン産生量を増加させたという報告である。しかし，単一周波数の大音響は**音響障害**（acoustic impairment，騒音による物理的ストレス）を生じさせる。そのため，酸化作用の高い女性ホルモンを減らすことで，抗ストレス作用の強い男性ホルモンを増加させたという解釈も成り立ち，音楽ではなく音響暴露の結果である可能性がある。

　このように，さまざまな分野の研究者たちによる多くの研究成果から，音楽の特性が生理学的に理解されるようになってきた。しかし，やはり音には違いないため不協和音や大音量，低周波障害，長期にわたる音響暴露など公衆衛生学的な観点から，人体に悪影響があることが知られている音響障害を無視するわけにはいかない。よい音楽とはなんなのか，どのようにすればよい効果が得られるのか。これは非常に難しく，しかし一方で興味のある課題であり，人類の 1 000 年を超える長い課題でもある。

2.3　音楽に普遍性はあるのか

　毎年 12 月半ばになると山下達郎氏の『クリスマス・イブ』（作詞・作曲 山下達郎，1983 年）が流れる。この楽曲はバロック調であり，間奏には『パッヘルベルのカノン』（作曲 ヨハン・パッヘルベル）が使われる荘厳で軽快な楽曲に構成されている。東海旅客鉄道（JR 東海）が「クリスマス・エクスプレス」の CM に使用し（1989 ～ 1992 年），100 系新幹線電車の赤いテールライトと演じる女優さんたちの名演技によって胸に熱く響き，視聴者は目頭を熱くしたものである。驚いたことに『クリスマス・イブ』は，2020 年に行われた朝日

[†1]　性腺および副腎（これらも抗ストレス性に関与する）に関連する遺伝子発現を調節し，P450 アロマターゼの発現量を調節する転写因子。

[†2]　性決定に関与し，男性ホルモンを女性ホルモンに変換する酵素で，この発現量が減少すると男性ホルモン（強い抗ストレス性を発揮するホルモン）が増加する。

新聞のクリスマスソングのアンケートで 1 位を獲得している。私見であるが，Wham! の『Last Christmas』（作詞・作曲 ジョージ・マイケル，1984 年）とともに心に残る 12 月を彩る楽曲である。

　また，年末になると日本中でベートーヴェンの『交響曲第 9 番 ニ短調 作品 125（交響曲第 9 番）』が演奏される。その第 4 楽章は独唱と合唱つきで演奏され「歓喜の歌」として知られている。交響曲第 9 番は普遍的なのかといえば，わが国ではけっして普遍的ではない。交響曲第 9 番がなぜ年末に歌われるかについては諸説あるが，よく知られているように 1943 年 12 月に上野奏楽堂で行われた学徒壮行音楽会で演奏されたことからはじまったことが有力といわれている。鬼畜英米，敵性音楽などの言葉が存在した時代に，ドイツ人であったベートーヴェンの音楽は受け入れられていたのである。では，その時代に育った方がドイツのクラシック音楽に馴染んでいたかというと話は別である。クラシックのどの音楽家がどこの国の人かなど，当時の多くの人々は知らなかったばかりか，音楽家はいろいろな国を移動していたため，国籍を問うこと自体意味を持たなかった。

　筆者は執筆から 20 年前の 2001 年，長野県飯田市のとあるデイサービスセンター（通所介護）で平均年齢 75.4 ± 8.0 歳の 27 名の方に対してアンケート調査を行った（土屋ほか 2004a，土屋ほか 2004b）。その人たちの好きな音楽は，上位から演歌（86 %），童謡・唱歌（14 %）であり，ほかのジャンルの楽曲の入り込む余地はなかった。嫌いな音楽を尋ねたところ，全員が軍歌と回答された。第 2 次世界大戦中に青年 〜 成人として戦火を生き抜いた方々にとって軍歌は忌避したかったと考えられる。現在，インターネットで調べると，高齢者で軍歌が好きという回答をされる方を散見するが，おそらく戦争のつらい経験とはあまりリンクされてないのかもしれない。

　若い世代で調べた例では，ポップで現代風の邦楽を好む傾向が見られ，嫌いな音楽は，上位から演歌（28 %），ロックミュージック（14 %），ラップ（10 %）などであった。筆者の学生時代は邦楽が苦手で洋楽を好む傾向と，フォークソングといわれる情景や社会風刺を歌詞にした楽曲を好む傾向があったように思う。

このように，音楽は世界や社会，政治，疾病など多くの条件の上に，個人の置かれた状況や気分，感情，恋愛，離別などさまざまな要因が複雑に絡み合い，音楽をつくる，演奏する，聴くそれぞれの人の音楽観に影響をもたらすことはだれもが認めるところである。

　クラシック音楽は受け入れられた名曲が現代に残っているが，単純にクラシック音楽といっても，その時代の幅は有名な作曲家だけ見ても300年に及ぶ。そのため，一括りにクラシックなどとまとめられるものではない。音楽に普遍性が認められないのは，年齢や時代も要因になるほか，感性として，心理レベルに見合った感覚刺激を好む特性が人間でははっきりしており，アルツシュラー（Altschuler and Shebesta 1941）の提唱した有名な**同質の原理**（iso principle）に従った音楽を享受する傾向を認めるためである。同質の原理とは，悲しいときは悲しい音楽を，興奮しているときは興奮した音楽を聴くのがよいという経験則のことをいう。

2.4　音楽を聴きたくなるときとは

　現代の若者は音楽聴取をするデバイスがスマートフォンであることが多く，手軽でいつも携帯していることから音楽を聴く機会が多くあると思われる。そこで，大学生を対象にアンケート調査を行い，その結果から音楽に対する考え方について考察した。

　看護師，診療放射線技師，臨床検査技師，臨床工学技士，理学療法士，医師を目指し医学や医療技術を学ぶ18〜28歳（平均年齢21±3歳）までの学生に，音楽を聴く時間，どんな気分のとき音楽を聴きたくなるか，などについて選択式および自由記載式によるアンケート調査を行い，183名から音楽を聴く時間についての回答を，また，そのうちの154名（回収率84％）から音楽を聴きたくなるときの気分などの回答を得た（松田ほか 1998，松田ほか 2001）。音楽を聴きたくなるときの気分の質問には，選択式の気分条件11項目を設定し，それ以外の区分は自由記載とし，内容を抽出した。

　音楽を聴くことを目的として音楽を聴いている時間は1日当りどれだけかで

は，最も多かった回答が「1～2時間」で，27％であった。**表2.1**を参照していただくと，11％もの学生が「聴かない」と答えている。音楽があふれている現代にあって，あえて音楽を聴く必要がないものと考えられる。回答した183名のなかに音楽が嫌いだという学生はいなかった。

表2.1　音楽を聴く時間

1日当り	割合〔％〕
1時間	18
1～2時間	27
2～3時間	17
3時間以上	14
そのほか	14
聴かない	11

　音楽を聴きたくなるときの順位と割合のうち，上位5位までをあげると，第1位が「楽しいとき」(21.9％)，第2位が「疲れたとき」(17.9％)，第3位が「落ち込んだとき」(15.2％)，第4位が「穏やかな気持ちのとき」(12.6％)，第5位が「寂しいとき」(9.3％)であった(**表2.2**)。また，第1位であった「楽しいとき」に好ましいと感じたことには「明るさ」，「軽快さ」を選択したが，第2位以下には「詩に共感できる」が多かった。逆に，音楽を聴きたくなるときに，聴いていて嫌だと感じたことは，ほとんどの気分状態のときに「歌い方」であり，「演奏がうるさい」(バックコーラスを含む)ことであった。このことから，若者たちは詩を感じ，楽曲の明るさを享受しているようである。

　歌手の「歌い方」が嫌だ，「演奏がうるさい」と感じていたことは，長い時間を生きてきた筆者にとって意外に感じた。それは，筆者がすべてを包含したものが音楽であると思っていたからである。しかしながら，音楽の発生に立ち返れば，最初はおそらく唄であって，唄には唄うための緩やかなメロディとリズムがあったと想像できる。例えば仏教のお経やイスラム教のコーラン，キリスト教のグレゴリオ聖歌など，声帯が未発達だった人類の音域と，心拍数に近い気持ちのよい速度の唄だったと推測できる。そのリズムとして打楽器のよう

表2.2　音楽を聴きたくなるとき（順位とそのときに好ましいと感じたこと，嫌だと感じたこと）

音楽を聴きたくなるとき	順位	割合〔%〕	そのときに好ましいと感じたこと		そのときに嫌だと感じたこと	
			第1位	第2位	第1位	第2位
楽しいとき	1	21.9	明るさ	軽快さ	歌い方	演奏がうるさい
疲れたとき	2	17.9	詩に共感できる	明るさ	歌い方	演奏がうるさい
落ち込んだとき	3	15.2	詩に共感できる	明るさ	歌い方	演奏がうるさい
穏やかな気持ちのとき	4	12.6	詩に共感できる	穏やかさ	歌い方	激しさ
寂しいとき	5	9.3	詩に共感できる	歌い方	歌い方	演奏がうるさい
嬉しいとき	6	6.6	詩に共感できる	歌い方	歌い方	演奏がうるさい
落ちつかないとき	7	5.3	明るさ	軽快さ	歌い方	
悲しいとき	8	3.3	明るさ	軽快さ	演奏がうるさい	詩に共感できない
イライラしたとき	9	1.3	詩に共感できる	軽快さ	歌い方	
そのほか		6.6				

　なものが発生して速度や強弱などが加わり，さらに演奏ができる吹奏楽器や弦楽器のようなものが発達し，それを書き留めておくために**楽譜**（music score）のようなものが作成され，楽譜をもとに**音階**（scales）というものが生じたと考えられる。

　わが国においては，現存する日本最古の楽譜と考えられている琴歌譜は無拍子であることから，グレゴリオ聖歌とも通じるものがあるのではないかと考えている。最初の音楽は狩猟や天候，喜びや悲しみのための唄の歌詞であったと推測される。現代の若者たちも，まず，古代人のように歌詞を取り入れ，徐々にほかの音楽のエキスを吸収していくようであり，人類の音楽の黎明期を再現しているようにも思われる。

　カラオケを歌うところを見ていれば理解されるように，初めは歌詞を追うことに必死で，とても音楽を受け入れているようには見えない。しかしこれが音楽の学習の順序であり，これから徐々に記述していくが，小脳や大脳基底核，**脳幹**（brain stem），大脳皮質の間でのニューロンの連絡が音楽を受容してい

く様子を，まさにカラオケを歌う姿から推測することができるのである。学生たちの回答からは，既出の「同質の原理」の心身医学的情報が見て取れる。「音楽を聴きたくなるとき」を学問として捉えれば，人間の音楽の歴史と脳内での神経系の可塑性を考えるきっかけになる。

2.5　音楽は記憶媒体になる

2.5.1　音 楽 と 感 情

2017 年に 105 歳で亡くなられた聖路加国際病院名誉院長で日本音楽療法学会理事長ほか多くの名誉職に就かれていた日野原重明先生は，音楽療法の心理的効果には以下のようなものがあると述べられている（日野原 1996）。

① **自意識**（self-awareness）を高め，不安やうつを和らげ，患者のムードを調整する。

② 患者にとって意味のあるできごとを思い出させ，意識上，意識下の広範囲にわたり言葉では表せない感情を起こさせる手助けとなる。

③ 現実を認識させ，夢を表現し，感情に直接訴えることにより，広範囲にわたる感情を言葉ではない音楽によって表現させる。

これらのことは，音楽が意識上，意識下のどちらの記憶にも働きかけることを示唆している。

最近の学際的知識では，人間の全意識に占める無意識の領域は，意識的な領域よりはるかに大きいと考えられている。このような意識上，無意識下における脳と心の関係の現在までの知見は多くの書籍に書かれており（理化学研究所 2016，池谷 2015），音楽との関係を考察することは興味深い。

2.5.2　生 き る 活 力

読者のみなさまは，はるか以前に聴いた音楽をいままた聴くと，聴いていた頃のことを思い出されるであろう。2021 年は 1 年遅れで東京 2020 オリンピックが開催された。オリンピックが始まる数か月前から自衛隊音楽隊による

1964 年の『東京オリンピックファンファーレ』の演奏が各地でなされている。『東京オリンピックファンファーレ』は今井光也氏作曲のトランペットの名曲であり，現在でも高評価である。また，2020 年に NHK で放映されたドラマ『エール』で多くの人々に知られた古関裕而氏作曲のオリンピックマーチも，多くの人の心に残っていることだろう（読売新聞オンライン 2021）。

　1964 年といえば筆者は 7 歳で，テレビもまだ白黒であった。その後に出版されたポスターや新聞，あるいは教科書を含めた書物や雑誌にカラー刷りの入場行進の様子や試合の様子が**視覚情報**（visual information）となり，それ自体が刷り込まれ，オリンピックをカラー映像で見た記憶にすり替わってしまった。音楽と違い，色彩はきわめて曖昧にしか記憶に残っていない。

　ところが，マラソンだけは家で見ていた記憶とともに，白黒であったテレビの楕円形に近い画面の形までがありありと思い出される。じつは，東京からのマラソン中継の最中に，わが家から 10 km ほど離れた工場で爆発があり，その音と振動に驚いて家から飛び出して様子をうかがったエピソードがあった。それが記憶の誘因となって，偶然それとリンクしたこと（マラソン中継）の記憶が鮮やかに蘇るのである。

　1964 年の東京オリンピックを知っている方はどれくらいいるのかを調べてみた。60 歳以上でないと記憶に残っていないと仮定すれば，3 617 万人（総務省 2020）で，日本の総人口の 28.7 ％に当たる。これだけの人々が『東京オリンピックファンファーレ』を聴いたはずであり，この人たちが 2021 年に再びそれを聴いたとき，思い出すことはさまざまだったと推察できる。

　1964 年頃は激動の時代であり，人それぞれに複雑で波乱に満ちた生き様であった。当時の首相池田勇人氏が蔵相時代に「貧乏人は麦を食え」と放言した記憶がまだ人々の心から消えていなかった時代でもあった。現在，70 歳を越えられた団塊の世代の方々が中学校を卒業した頃，集団就職という困難な就職を強いられ，それは求人倍率が 3 倍を超える人手不足であり，現代でいう若者よりさらに若い少年たちが金の卵と呼ばれた時期でもあった。

　モスラ対ゴジラやキングギドラ，ラドンが出現したのも 1964 年だった。ご

存じの方は多いと思われるが，ザ・ピーナッツが歌う『モスラの歌』（1978年）の作曲者は古関裕而氏であり，いつまでも人々の心を躍らせるアルバム『東宝怪獣行進曲』の作曲者は伊福部昭氏である（伊福部 1993）。伊福部昭氏はほかにも東宝映画の行進曲を多数作曲されている。『東宝怪獣行進曲』に収録されている『ゴジラ』の弦楽器による執拗な繰り返しはアジア的音楽に基づき，そのテーマはだれでも知っている「ドシラドシラ」となっているが，そのリズムが巧妙で一度聴くと癖になるほどである。

目を外へ向ければ，街を俯瞰すると，蒸気機関車が牽引する列車がまだ大都市圏にも走り，勇壮な排気ブラスト音やもの悲しさを覚える汽笛もこの時代を代表する音であった。現代でも大量輸送機関の代表はやはり鉄道であるが，現代の電車の音は三相交流モータを VVVF（可変電圧可変周波数）インバータで制御する音で，素子が GTO サイリスタであったときはまだ面白かったが，最新のものは SiC（炭化ケイ素）というパワー半導体を装備したインバータを搭載し，複雑で音として言い表せないようなものなっている。

当時は台車と車軸にギヤで固定された直流モータを抵抗器で制御するもので，速度の上昇とともに周波数が高くなるため，いかにも動いていることが実感できる音を醸し出していた。線路の継ぎ目を通過する音から昔を思うのは鉄道マニアだけではないと思うが，いまはロングレールといって継ぎ目が少なく，周期的な「ガタンゴトン」という音も珍しくなった。25 m の長さでつくられているレールからは 1/f ゆらぎを生じるといわれ，癒しにつながる。

2.5.3　ホスピスでの音楽療法

緩和ケア病棟ではがん末期，治療への道のりが閉ざされた終末期の患者に対して，「残された最後の時間を人間の尊厳を持ちながら，どう生きていくか」という問題がつきまとう。そうした患者に対して，「音楽を媒介として，音楽療法士として彼らに，一体なにを与えることができるのか，そしてともになにができるのか」と考えながら，音楽療法「音楽を楽しむ会」に取り組んでいる。その中から印象に残った例を一つ紹介する。

Yさん（当時74歳）は，直腸がんのため直腸切断術を受けた。手術から3年後に再発し，化学療法と放射線療法を受けたが改善は見られなかったため，その翌年にホスピスに入院された。Yさんは痛みのコントロールが困難であり，1人でいる不安感が強く，高頻度のイラツキや，大きな混乱状態となり，看護師に当たることがしばしばあった。

　Yさんから母校の校歌を歌いたいという希望があったため，楽譜を探して多くの店を回り，次回の「音楽を楽しむ会」で演奏することを予定した。会がはじまり，Yさんに声をかけてみると，うっすらと目は開けるが，全体の感じがなんとなくうつろであった。初めに全員が，CDでベートーヴェンの『スプリング・ソナタ』を10分ほど鑑賞したのち，Yさんが希望されていた校歌を，「この歌はほとんどの人がご存知ないと思いますが……」といいながらキーボードで演奏してみた。するとYさんはベッドから立ち上がらんばかりに上体を起こし，「知っています。わたしは，よーく知っています……」と声をあげ，そして校歌を筆者と一緒に，1番から4番まで，とても元気に大きな声で歌われた。

　この頃のYさんの状態が看護要約に記載されている。「痛みを訴えることも少なくなり，テレビを見たり，絵を描いたりして，穏やかに過ごされるようになった。妻不在時，音楽療法のカセットを聴いたり，親戚の方から送ってもらった人形をかたわらに置き，話し掛けたりしていた。不安感から，イラツキ，混乱することはもうなくなった」とある。そして情緒が安定し，「表情が明るくなった」「精神的に一層活性化されてきた」「深い睡眠がとれるようになった」などの様子が観察されていた。

　校歌を聴くこと，歌うことにより，「青春時代を回想し脳が活性化された」，「音楽による自己表現で，情緒の安定と満足感を得ることができた」，「自分の求める音楽に接することにより，精神的に一層活性化されてきた」と考えることができる。校歌は，Yさんに精神的なやすらぎを与えると同時に，肉体的苦痛を軽減するほどまでに本人を支援した。それは青春の一時期に強く印象づけられ慣れ親しんできた音楽を聴くことにより，脳裏に浮かぶ青春の思い出が脳

を活性化させ，精神的苦痛を緩和し，心の平安を保つのに役立ち，各種の身体機能を高めたと考えられる。それから2か月後に亡くなるまで，その曲はYさんに対して，高い覚醒意識と強く生きる力を与えた。

2.5.4 記 憶 課 題

音楽には記憶力を高める効果があるといわれる。その効果を検討することが，医療や福祉の大学において学生への音楽の効果を認識させる目的として機会あるたびに行われている。ここでは脳障害回復期リハビリテーションの観点から音楽と視覚から入力される記憶の関係性を検討した実験結果を紹介する（Kanehira et al. 2018）。

一般のリハビリテーション訓練室内では，日常的に音楽を流しての訓練や，周りの雑音のなかでの訓練が行われている。実験の目的は，このような日常を模擬し音楽が与える記憶量の差異から音楽の有用性を検討することにある。実験参加者は作業療法士や理学療法士を目指して勉学に励む学生50名（19〜22歳の女性25名，男性25名）であった。

実験課題は，6×6マスに書かれた36の漢字課題を2分間で記憶させ，2時間後に記憶された漢字を3分間で書き出させるだけである。記憶する際にBGMとして①『パッヘルベルのカノン（Canon a 3 Violinis con Basso c./Gigue）』，②ファミリーレストランで採音した「雑音」，③「音が鳴っていない」静かな状況，の三つの条件を使用した。なお，使用した『パッヘルベルのカノン』（以下，『カノン』）はバイオリンで演奏され，そのテンポは70弱BPM（Andante）で心拍数に近いものを選んだ。

実験参加者50人全員がランダムに①〜③の条件下での実験を行った。漢字課題は4種類あり，こちらもランダムに与えた。ランダムに与えたのは，結果の信憑性を高めるためであり，このような研究では一般的である。心理学的実験のカウンターバランスに類似し，**順序効果**（order effect）の抑制になる。

結果は，記憶語の正答率が①『カノン』では44％，②「雑音」では42％，③「音が鳴っていない」ときは40％であり，BGMが『カノン』のときは「音が鳴っ

ていない」条件より正答率が統計学的に有意に高かった。しかし，BGM が「雑音」のときと『カノン』のときに差はなかった。興味あることに，BGM が『カノン』のときには男女差があり，男性の正答率 37 ％に対して女性の正答率は 51 ％と大差が見られた（**図 2.1**）。一方で「雑音」では男女ともに正答率 42 ％で差はなく，「音が鳴っていない」条件では男性の正答率 35 ％に対し女性 44 ％とやや女性優位であった。なお，各漢字課題間の正答率には差を認めなかった。

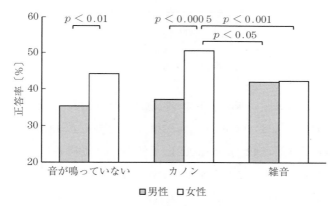

図 2.1 記憶した漢字の正答率の男女差

すべての状況での記憶語の正答率は女性では 46 ％，男性では 38 ％であった。図中の「p」は統計学での**危険率**（percentage of risk）を表しており，一般的には危険率 5 ％以下（$p < 0.05$）であれば，比較する二つの集団の間に違いがあるといえることを意味する。

学習するとき日常的に音楽を用いている群と，音楽を用いていない群を比較したところ，音楽を用いていない群で『カノン』を BGM に使用した場合の記憶語の正答率が有意に高かった（$p = 0.02$）。しかしながら，音楽を用いている群内では三つの条件の間に差を認めず，一方，音楽を用いていない群内では『カノン』で正答率の高い傾向は見られた。

結果をまとめると，BGM が『カノン』のときに正答率が高い人は，「音が鳴っていない」静かな条件でも正答率が高かった（**図 2.2**，相関係数 $r = 0.52$，

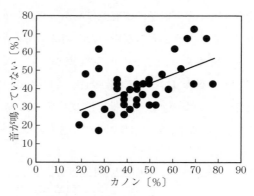

図 2.2 カノンと音が鳴っていない状態での
正答率の相関

$p = 0.0001$）。しかし，「雑音」下での記憶力は低かった。一方，「雑音」条件
での記憶力が高い人は，BGM が『カノン』のときの記憶力も高い傾向が見ら
れた（相関係数 $r = 0.42$, $p = 0.002$）。しかし，「音が鳴っていない」状況下
での正答率は低かった。これらから，① 記憶条件として静かな状況を好む人
では，心拍数程度のどちらかというと耳に障らない音楽は悪影響にならない，
② 記憶条件として音楽を好む人は雑音による影響は少ないのではないか，と
いうことが推測される。

　音の存在が記憶の条件になっている可能性のある人にとって，『カノン』で
も騒音でも記憶媒体としての価値はありそうである。この場合，音は認知処理
速度の向上につながるインデックスとなり得る。一方，音の存在が記憶に悪影
響する，すなわち音が課題遂行速度を低下させる人では，静かな環境でないの
であれば，少なくとも Andante の『カノン』の存在は有用かもしれない。女
性は男性に比べて「音が鳴っていない」静かな環境下，『カノン』のある環境
下では男性より正答率がよい傾向があったことは興味深い。総じて，日常的に
音楽を好む人は，音楽などが記憶のインデックスになる可能性があるというこ
とを，この実験結果は示している。

　この実験は短期記憶に対する効果を検証したものだが，なかには 3 年後の卒

業時に覚えていた実験参加者もいて，長期記憶として残ったことになる。数年後にまた思い出すことができるかどうかは非常に興味深い課題ではあるが，残念ながらそのような報告をまだ見たことはない。

2.6　音楽は感覚を変える

　少しだけ高級で古風な喫茶店の本物バラの花でできたローズティーの写真（図2.3）を提示し，『幻想曲とフーガ ト短調 BWV542』（作曲 バッハ，1720年），B'zの『Real Thing Shakes』（作詞 稲葉浩志，作曲 松本孝弘，1996年），Takis Farazisの『On the Seashore』（作曲 Takis Farazis，1996年）の3曲をそれぞれ80 dB，すなわち，室内で楽器を演奏するのに近い音圧で流し，54名の学生たちに，聴きながらそのときの感想をA4の白紙に書くことを促した（加藤ほか2008）。促した理由は，自由意志に任せたもので回答したくなければしなくてよいこと，なんらかの評価や成績にはまったく関係しないことを周知した後の自由意志（Maslow 1943）を評価するためである。

図2.3　ローズティーの写真

　学生たちのこの時点での在学日数は，入学から2か月半に過ぎず，まだ，無限な量の医学知識の記憶作業の洗礼を受け始めた頃である。彼らは将来，臨床工学技士の国家資格を習得して新型コロナ（COVID-19）の重症患者へのPCPS（補助循環）や人工呼吸器，慢性腎不全患者への血液透析，重症心疾患患者への人工心肺（CPB）などきわめて高度な専門性の高い技術で命を守る医療職の卵たちである。

2.6.1 味覚の変化

　前述のとおり，ローズティーの味を問う指示や依頼は一切ないが，お茶の写真を提示しているため，味への回答が63％である34名から認められた（**図2.4**）。結果は大変に興味深いもので，ローズティーの写真からイメージした味は，音楽を聴く前には，苦味と甘味が強く，酸味と渋味が少ない，ありそうな味であった。

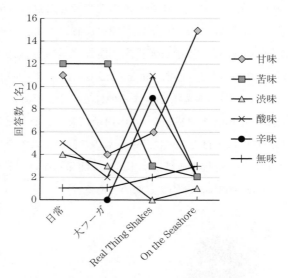

図2.4　音楽によるローズティーの味の変化

　『幻想曲とフーガ　ト短調 BWV542』は『大フーガ』とも呼ばれるバッハの代表作の一つである。パイプオルガンによる演奏で日本音楽とは著しく違い透明で力強い。この『大フーガ』を聴くと「味」が少し変わり，苦味は不変ながら甘味，酸味，渋味が少なくなった。すなわち，苦味はそのままで甘味を喪失した。音楽を専攻したことのない日本の若者ではパイプオルガンの音色に甘味を感じることはかなり難しいようであった。

　B's の『Real Thing Shakes』はいわゆるロックミュージックである。ロックミュージックは若者の感覚を変えてしまうようで，「味」は，酸味と辛味（hot）

が非常に強く，ほどよい甘味，苦味は少ないおよそローズティーではない「味」に変わった。これらから推測すると，若者たちは夏の音楽フェスティバルではとんでもない味のする飲み物を味わっていることが類推される。

Takis Farazis の静かなピアノ曲である『On the Seashore』を聴くと，「味」はまったく変わり，甘味が著しく強くなり，酸味，辛味，苦味が少なくなった。Takis Farazis はギリシアの孤高の音楽家とよばれ，『On the Seashore』はインドの詩人タゴールの詩に寄せた美しく静謐でやや単調な，短調主体のピアノ独奏曲である。それでも個人差はやはりあって，3名は「味」がしないと書いていた。

2.6.2　心理学レベルでの評価

音楽とローズティーの感想とともに心理学レベルでのいわゆる状態不安検査（State-Trait Anxiety Inventory，STAI，スピルバーガー 1981）への回答を依頼した。これは，そのときの不安状態を質問紙への回答によって得点化する自己記載式の質問紙で，得点が高いほど不安感が高いと考えられるようにつくられている。なにも見せておらず，音楽もないときをコントロールとし，その結果を平均値 ± 標準偏差で表すと，状態不安得点は 50 ± 12 点であった。この得点が高いか低いかは評価せず，これを基準値とする。

『大フーガ』では 57 ± 10 点であり，コントロールより得点が統計学的に有意に増加した。すなわち，バロック音楽とローズティーの写真で不安感が高まったと考えられる。『Real Thing Shakes』では，48 ± 9 点であり，これはコントロールと同じレベルであった。『On the Seashore』では 42 ± 11 点であり，コントロールより不安感が統計学的に有意に軽減されていた。

これらの結果から，この回答をした学生たちの不安感を音楽で日常レベルに保つためにはロックミュージックがよく，それは聴きなれた音楽を聴くというより，むしろ日常に近かったのだと考えられる。一方，バロック音楽のように若い世代には聴きなれない音楽は，たとえ荘厳な曲であってもいたずらに不安感を高めてしまうと考えられる。もちろん，この傾向はほかの専攻，例えば法

学部や音楽専攻などでは，それぞれ異なる可能性がある。

　音楽によって想像上の「味」と状態不安得点の両方に変化が見られたことか
ら，両者の相関を調べた。しかし，味覚には点数はないため，**表2.3**のよう
に各味を点数化した。人体にとって有害な味覚側に高い点数を，有用な味覚側
に低い点数を与えた。そのうち甘味と美味に関する得点の合計を甘味得点とし，
状態不安得点との相関を調べた結果，『大フーガ』と『Real Thing Shakes』で
は状態不安得点が高くなるにつれて甘味を感じにくくなる傾向が非常に強く認
められた。

表2.3　味の得点化

無味	120
まずい	110
渋味	100
苦味	95
苦味弱い	85
辛味（hot）	75
酸味	65
甘味弱い	55
甘味，美味	45
たいへん美味	35
甘味強い	20

　一方，状態不安得点が日常の約20％にまで低下した『On the Seashore』で
は甘味得点と状態不安得点の間に対数関数的に弱い正の相関関係を見出した。
これら3種類の近似曲線は甘味得点および状態不安得点のすべてのデータの平
均値付近で一致した（**図2.5**）。『On the Seashore』では甘味得点が全体に高く
なり，状態不安得点が低くなっていたが，その中で，不安感の高い人のほうが
ローズティーを甘そうだと想像したということになる。

　甘味はグルコースに代表され人体，とりわけ脳にとって最も重要な栄養源で
ある。ピアノ曲によって気分が落ちつき，気分の基底状態になると不安感（ス
トレスを感じている）があらわになり，少し大げさかもしれないがCannonの

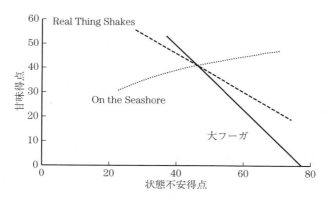

図 2.5 音楽の種類による状態不安得点と甘味得点の相関

提唱した**闘争逃走反応**（fight or flight, Cannon 1930a, Cannon 1930b），すなわち，**ストレス源**（stressor，ストレッサー）となる敵と戦うか逃げるかするためのグルコースの動物的な要求量（欲求頻度）が表出されたと考えることができるかもしれない。

　そうでなくとも，音楽による気分（不安感）の変化で甘味を感じたり感じにくかったりするという人間は，贅沢(ぜいたく)な生き物である。これは食に満たされているためと考えられる。ただし，これらの結果は写真を見たときの感想から導き出した無意識の「味」にすぎない。読者のなかには空想だけの無意識の「味」に抵抗のある方がおられるかもしれないが，この結果は音楽，写真が刺激となり，経験に裏打ちされた**条件反射**（conditioned response, reflex）から生みだされた「味」だと考えれば理解していただけるだろう。

　太古の人類は食物を得て嬉しいときに唄ったのであろう。唄えば楽しくなり，気分はよくなる。気分がよければ食事が美味になる。日常においてこれ以上の贅沢はなかったと考えられる。逆に人体にとって有害な味覚である苦味，渋味側の得点と状態不安得点にはまったく関係を見出せなかった（相関係数 $r = 0.00$）。これが意味することは，苦味や渋味，まずいなどの味覚は，毒物や腐ったもの，有害なものへの警告のための感覚であり，音楽のようなもの（といっては元も子もないが）で変化したのでは生命の維持は困難となる。

生命の危機を感じないのでは味覚の存在意義は薄れる。この変化は，学生た
ちの大半が未成年であり，まだ成人の感覚に達していなかったことが強く影響
していると考えられる。ビールのような苦味や，唐辛子やワサビのような特有
な味覚受容体を介した辛味を好む年齢になると，結果は平坦化してくると考え
られる。大人の味覚が備わるのであろう。

2.7　生演奏と録音音源の違い

　生演奏と録音した CD 音源を聴いたとき，どちらがより癒し効果を強く得ら
れるのか。これは，だれしもが一度は考えたことがあることだと思われる。
　音響機器や録画装置，あるいは医療用検査機器にしても，アナログ信号をデ
ジタル信号として記録をするためには**サンプリング周波数**（sampling frequen-
cy）の検討が必要になる。これは一般に 1 秒間に何回データを採取するかとい
う頻度を意味しており，頻度が高いほど収集される情報量は多くなる。参考ま
でに，心電図や脳波のようにおおまかで 2 次元に表現される電位の採取であれ
ば，40 Hz つまり 25 ミリ秒に 1 回（1 秒に 40 回）程度のサンプリング周波数
でよく，一方で，超音波画像検査などでは 3.5 ～ 10 MHz つまり，1 秒間に
350 万 ～ 1 000 万回のサンプリング周波数が必要になる。
　音楽では 88 鍵ピアノの最高周波数は 4 186 Hz なため，**標本化定理**（sampling
theorem）に則りその 2 倍の 8 372 Hz，つまり 1 秒間に 8 372 回より高い頻度
でサンプリング（標本化）する必要がある。標本化定理とは，アナログ信号を
デジタル信号に変換する際に，元の信号の最大周波数の 2 倍以上の周波数でサ
ンプリングする必要があることを示した定理である。そうでないと高音が採取
できない。現在の 88 鍵ピアノは，オーケストラのすべての楽器の音域より広
いため（伊福部 2008），理論的には，音楽のサンプリング周波数はピアノのす
べての周波数をカバーできればよいということになる。実際は，現在の普通の
CD のサンプリング周波数は 44.1 kHz なため，ピアノの音をサンプリングす
る周波数の 5 倍以上である。

ところで，人は聴覚によって C4 ならドと感じることができる。しかし，同じ声の高さでもだれの口から発せられたドかはだいたい区別ができ，どの楽器のドの音かも認識できる。このような楽器の音や人の声の元の音（主音）はどうなっているのかというと，音の周波数をフーリエ級数的に表したときに最も低い周波数（基本周波数という）がドの音として認識されるのである。フーリエ級数というのは教科書の表現を借りると，複雑な周期信号を単純な周期性の信号の和で表したものである。

　人の声を例にすると，声をサンプリングしてフーリエ級数に展開（フーリエ変換という）すると基本周波数と，基本周波数の 2 倍，3 倍，4 倍…の周波数信号（高調波という）が得られる。私の手元にはそのような図がないため，インターネットなどで「人の声の周波数分析」と検索すると，いろいろな情報が検出できる。その基本周波数の整数倍になっているたくさんの周波数の合成がその人の声を表している。

　養老孟子先生の著者『遺言。』（養老 2017）には，動物は**絶対音感**（absolute pitch）であると書かれている。要するに犬も猫も，声の周波数をいくつかの音として認識しているのである。自分の名前を呼ばれたから振り向くというより，飼い主の声を認識し，その調子で感情を読み取っていると考えられている。わが家のカラージャービルもモルモットもアフリカツメガエルも私が名前を呼ぶとやってくるが，いつも向き合わない人の声にはほとんど反応することはない。これらから，絶対音感を持つ人は動物的な聴覚の持ち主だと思われるかもしれない。絶対音感を持つ人は非常に少ないが（Carden and Cline 2019），ほかの動物との違いは，人間は学習した基本周波数を言語に置き換えて認識していることである（Matsuda et al. 2019）。

　さて，生演奏と CD に録音した音源の場合，スピーカの周波数特性も音響に重大な影響を与える。音源から出力された電気信号を忠実に音として再現できればよいのであるが，なかなかそうはいかない。また，音量や音圧，スピーカの指向性によっても変わってくる。しかし，現在のハイレゾリューションサウンド（192 kHz/24 bit ほか）などの音源を高品質なヘッドホンで聴くと世界か

ら人間社会が消えたのではないかと思うくらい透きとおった音に聴こえる。それは明らかに生演奏とは違うように感じるのは私だけではないだろう。このように，生演奏と CD 音源との違いは多々存在する。

本節では，生演奏および同じ奏者の同じ演奏を録音した CD を用い，**fNIRS**（functional near-infrared spectroscopy，機能的近赤外分光法）によって脳内血流量の変化から癒し効果を比較した実験結果を紹介する（伊藤ほか 2019）。fNIRS は近赤外線の光を利用して，脳（や筋肉）の血中ヘモグロビンの濃度と脳内血流の変化を推定する方法で，最近はテレビなどでも脳活動の測定結果が紹介されている。

脳内神経活動が活発化するとエネルギー源となるグルコースや酸素の供給のために，二次的に脳内血流量・血液量が増大し，血液の酸素化状態（酸素化ヘモグロビンと脱酸素化ヘモグロビンの比率）が変化する。fNIRS では，近赤外光を用いてそれぞれの状態でのヘモグロビンによる近赤外光の吸収量の変化を捉えている。このような脳内神経活動と脳内血流量・血液量の関係を**神経血管カップリング**（neurovascular coupling）といい，酸素化ヘモグロビンの増加は脳内血流量の増加，すなわち脳内神経活動の亢進を，酸素化ヘモグロビンの減少は脳内血流量の減少，すなわち脳内神経活動の抑制を意味する（山下ほか 2000）。

実験参加者は，理学療法士を目指す右利きの健常学生 10 名（男女各 5 名，平均年齢 20.9 ± 0.3）であった。利き手を統一した理由は，杞憂かもしれないが言語野の違いを考慮したためである。参加者には理学療法士の国家試験問題に本気での解答を求め，解答終了 3 分後に安静状態にて ① ピアノ科の学生によるピアノの「生演奏」を聴かせる，② ピアノ科の同じ学生が演奏したピアノ演奏を録音した「CD 音源」を聴かせる，③ なにもしない（コントロール），の三つの介入条件下で fNIRS の前頭葉用 3 × 5 プローブを用いて，酸素化ヘモグロビン（酸素化すると赤色に見える）および脱酸素化ヘモグロビン（脱酸素化すると青っぽく見える）の推移を測定した。

脳が活動的に機能しているときには酸素とグルコースを消費するため，脳へ

の血流中に占める酸素化ヘモグロビンが増加し，癒されると酸素化ヘモグロビンの占める割合が減少し，脱酸素化ヘモグロビンの割合が高くなる。この割合の変化を fNIRS によって可視化する。

　視覚入力が条件として加わらないように，実験参加者とピアノの間には仕切りを設けたうえで，参加者からは仕切りも見えないように背を向けて測定を行った。同じ演奏者により作成された CD 音源の場合も，スピーカをピアノと同じ位置に置き，同程度に聞こえる音で鳴るよう調整したため，最初の 1 〜 2 秒間は演奏か CD かの識別が困難な程度でのセッティングをした。演奏に使用した曲目は，X JAPAN の『Forever Love』（作詞・作曲 YOSHIKI，1996 年）であった。

　fNIRS のデータ解析は各個人の度数となるために比較ができない（NIRS 信号の解析方法）。そこで，同じ実験参加者に対し，音楽を用いない以外はまったく同じ対照実験を行った。両者のヘモグロビンの推移を測定した値から，①〜③のそれぞれの実験データを対照実験データで除した値にて比較した。音楽聴取以降の解析に使用した時間は，聴取 30 秒後〜 2 分 30 秒後までの 2 分間とした。その理由は，音楽聴取時間が長くなるとどの条件でも日常状態に帰してしまい，条件による差が認められなくなったためである。

　図 2.6 に時間による酸素化ヘモグロビンと脱酸素化ヘモグロビンの推移を

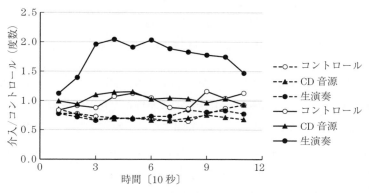

図 2.6　酸素化ヘモグロビンと脱酸素化ヘモグロビンの時間的推移

示した（破線は酸素化ヘモグロビン，実線は脱酸素化ヘモグロビンを表す）。横軸は 30 秒間隔に目盛りをつけており，縦軸は各介入条件を対照で除した値の 10 名の平均値である。ピアノの生演奏によって脱酸素化ヘモグロビンの割合は，2 分弱ではあったが増加したと考えられる結果が得られた。CD 音源ではなにもしない場合と差はなかった。一方の酸素化ヘモグロビンは，どちらの音源でも統計学的にはまったく変化を認めなかった。

図 2.7 は，同じ結果を実験参加者全員の各条件下での 2 分間の平均値を箱ひげ図で表したものである。この図から，ピアノの生演奏が脱酸素化ヘモグロビンの割合を増加させる可能性が示された。すなわち，脳のグルコース要求性を低下させたのだと考えられる。この実験参加者たちにとって『Forever Love』はよく知っている楽曲であり，落ち着きが増したものと考えられる。

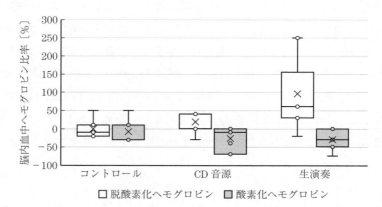

図 2.7 三つの条件での脳内血中ヘモグロビンの 2 分間の平均値の差

この実験結果から癒しを求めるために生演奏が有用といえるためには**心身医学領域**（psychosomatic medicine）を含めて条件が不足している。そもそも 10 名しか測定していないことは大きな欠陥になる。なぜなら，10 名全員が同様の結果を生じているわけではなく，かりにつぎに加えた 1 名が真反対の結果を生じたとすれば，統計学的有意差が消滅する可能性が出てくるからである。

実験法を検討するならば，いくつかの点を考慮しなければならない。生演奏

と同じ音響を得ることは困難を極める。ピアノを別室で演奏してCDに録音したときと同じマイクで採音し同じスピーカで再生する方法では，マイクとスピーカの性能がリスクになる。ハイレゾリューションによる録音を採用する場合には，再生機器の性能や音の飽和など複雑な問題があり，録音，再生を実施する実験への適応は困難になる。

　実験時に，仕切りがあっても，背を向けていても，演奏するときの鍵盤を打鍵する振動，ペダルを踏む音や振動，ハンマーが弦に当たる振動，演奏者の息吹などの低周波は，直接的に音楽とはいえないが，その音を含めて本当の音楽である部分がCDからはほとんど聞こえてこない。また，飽和による音響の頭打ちだけでなく，生演奏にはなかったはずの倍音を生じるなど音のひずみも起きる。楽譜から醸し出される音響以外のところ，例えば前述のような低周波や演奏者の動きによる音の指向性の変化などに聴取者の感動する間隙があるのではないかと考えている。

　ところで，この実験でコントロールとは，③のなにもしない条件と，対照実験の③との比を表す。この両者は同じ実験であるから，③の実験は同じことを2回繰り返しているわけである。しかし，図2.7に示されるように，酸素化ヘモグロビンは低下する傾向にあった（箱ひげ図の箱のなかの線は平均値を，「×」は中央値を表し，平均値が−50付近にあることがわかる）。このような反応を実験への**馴化**（habituation）という。

　何度も実験を繰り返していれば生演奏を聴いているには及ばないものの，酸素化ヘモグロビンおよび脱酸素化ヘモグロビンの動向に影響が出てきても不思議ではない。馴化してきた実験参加者に対して研究者は「余裕が出てきたね」といい，ある実験では必要不可欠に，また，ある実験では結果を曖昧にすることがある。同じ音楽を複数回聴取すれば，実験環境に置かれた時点で，実験参加者たちはまだ実験が始まっていないにもかかわらず脳内音楽がにぎやかに奏でられるのである（Taylor et al. 2014, Williamson et al. 2014）。音楽の実験では，これを防ぐために同一対象者への繰り返し実験は避けるべきだと考えている。

2.8 音楽と筋力発揮の関係

2.8.1 下肢トルクに及ぼす音楽の効果

多くのアスリートは試合前のパワーアップや試合後の精神的回復，日常のモチベーションアップ（Maslow 1943），安静導入など，それぞれの状態に合った音楽を聴取していることが知られている。そのおもな目的は，試合への勝利の感情の発揮や運動生理学的に有用な筋力発揮への**動機づけ**（motivation）である。これまでの研究では，特に低音が筋力発揮感や勝利感に効果が高いことが示されてきた（Zentner et al. 2008）。2.4 節で実験参加者たちが音楽を聴きたいときには歌詞が有用であることを述べたが，それとは異なり，歌詞ではなく低音の力強さを感じさせる音楽構成自体に感情が模倣される（Hsu et al. 2015）。ここでは，リハビリテーションに音楽の有用性があるかないか，また，その理由について考える実験を行ったため，以下で解説する（櫻井ほか 2003）。

実験参加者は，理学療法士になるための勉強をしている 20 ～ 22 歳の，日頃音楽を聴くことを好む大学生 20 名である。実験に際して，本人が感じる最大筋力を発揮できるように，全員が実験方法をよく理解したうえでの参加を求めた。筋力発揮は，本気で臨まないと実験の意味をなさないため，本人の勝手な思い込みや知識が筋力発揮の妨げとならないよう実験の実施者は実験参加者に対して正しい説明を行わねばならない。

膝の伸展筋力の測定には，膝伸展最大トルク量を専用の装置（ダイナモメータ）にて行った。膝の伸展筋力を測定するため，実験参加者たちは装置に座り，足を固定し，以下の指示に従って最大筋力を発揮した。すなわち，① 音楽を聴きながら，「はい」と号令を書いた A3 大のパネルを理学療法士が提示する，②「音楽なし」の状態で「はい」と書いた A3 大のパネルを理学療法士が提示する，③ 理学療法士が「号令」をかける，という 3 条件で実験を行った。音楽聴取の順序はランダムにし，順序効果による影響がでないようにした。さらに，実験参加者には，実験後の後日アンケートにより，筋力発揮への主観的順

位づけを求めた。① で使用した音楽は計 3 曲で，一つ目は『ラデツキー行進曲』（作曲　ヨハン・シュトラウス 1 世，1848 年）である。この曲はジャック・オッフェンバックの『天国と地獄』（1858 年）と並んで，運動会での定番の曲で，古典的条件づけによって筋力が発揮しやすいと考えられる。二つ目は『energy flow』（作曲　坂本龍一，1999 年）であり，癒しブームを巻き起こした曲として有名である。三つ目は各自の好みの音楽で，楽曲の制限はしなかった。

　客観的筋力発揮順位の結果（膝伸展最大トルク値）は，③ の理学療法士が「号令」をかけたときが最も大きい筋力を発揮させられることがわかった（**表 2.4**）。第 2 位は① で好みの音楽を聴いたときであり，好みの音楽を聴きながらの筋力発揮は，③ には及ばないものの，② の「音楽なし」の状態で「はい」と書いたパネルを提示したとき，および① で『energy flow』を聴いたときより膝伸展最大トルク値は大きかった。トルクは体格により異なるが，体重で除した値は体重 1 kg 当りの値になるため，このような比較に寄与する。

表 2.4　発揮筋力の客観的順位と主観的順位

	客観的筋力発揮順位	主観的筋力発揮順位
1 位	号令	好みの音楽
2 位	好みの音楽	号令
3 位	音楽なし	ラデツキー行進曲
4 位	ラデツキー行進曲	音楽なし
5 位	energy flow	energy flow

　『energy flow』は「号令」および好みの音楽より発揮筋力が小さく，① で『energy flow』を聴いたときは最下位であった。『energy flow』は脳波にアルファ波を誘導しやすいといわれ，筆者らも簡易アルファメータでアルファ波が多く出現することを認識しており，それがこの曲を選んだ理由でもある。なぜアルファ波を誘導しやすい音楽が筋力を発揮しにくくするかはわからないが，その楽曲の速度とリズムおよび音質が筋力発揮の動機づけを曖昧にし，自発的な筋力を抑制するのだと考えている。

　一方で，運動会の定番である『ラデツキー行進曲』では，好みの音楽および

『energy flow』ともに差はなく，筋力の発揮ができる人も，できない人もいた。ラデツキー行進曲は幼少期より運動会などで馴染みがあり古典的条件づけにより，音楽が筋力発揮に役立った実験参加者もいたと考えられる（Hsu et al. 2015）。

　アンケートによる主観的（自覚的）筋力発揮順位についても表 2.4 に結果を示している。主観的筋力発揮順位とは実験参加者が最大筋力を発揮できたと感じた順位の平均順位である。第 1 位は① で好みの音楽を聴いたときであり，第 2 位は③ の理学療法士が「号令」をかけたとき，第 3 位は① で『ラデツキー行進曲』を聴いたときとなっていた。確かに好みの音楽は筋力発揮の動機づけになると思われる。しかしながら，実際には最大筋力を発揮できた実験参加者は，18 名中 2 名に過ぎなかった。

　一方で，① で好みの音楽を聴いたときの主観的筋力発揮順位が最下位であった実験参加者も 2 名いた。このことから，好みの音楽は発揮筋力を平均的には増加させたようであるが，主観的に感じるほどの筋力は発揮できていないのであった。このように，最大筋力においては客観的筋力と主観的筋力に乖離を生じさせた。

　これらの結果から，動機づけが必ずしも効果を発揮できるとは限らないが（Maslow 1943），リハビリテーションの場において理学療法士の号令が受けられないような状況のときには，好みの音楽を BGM として聴取しながら行うことで筋力を発揮しやすくなることが示唆された。

2.8.2　握力に及ぼす演奏の効果

　好みの音楽には主観的な筋力発揮効果がありそうだと話すと，音楽の種類による違いはないのかという質問を必ず受ける。そこでさらに，2.4 節で調査をした 154 名のなかから，『星に願いを』（作詞 When You Wish upon a Star；Ned Washington，作曲 Leigh Harline，1940 年）が好きだと答えた 19 名に，演奏の種類による握力への効果を調べた。この実験の目的は，同じ好みの音楽を使用することにより，音楽の違いによるモチベーション差あるいは古典的条件づけ（運動会の曲だ，給食の曲だなど）による差が少なくなることが期待される

ため，楽曲間ではなく楽曲内での提示法（演奏法）の違いが握力に及ぼす効果の違いを検討することにある。

この実験では同一楽曲の演奏の種類を替えて実験参加者に提示した。提示法は，① コーラス部の伴奏者によるキーボードでの「生演奏」で音質は電子ピアノ音，②「歌入りの CD」および③「オルゴール」であった。① 〜 ③ のそれぞれを聴きながら握力計を主観的な最大パワーで 60 秒間握り続け，1 秒ごとの握力の変化を記録した。握力計を握るのは，メインテーマが始まるフレーズからとし，握るタイミングは，実験実施者の合図によった。合図は「スタート」と書いたパネルの提示によった。楽曲を聴取する順序はランダムとした。

実験参加者には，自己記載式の状態–特性不安質問紙（State-Trait Anxiety Inventory，スピルバーガー 1981）への回答を求めた。**状態不安**（state anxiety）とは，そのときの不安状態を，**特性不安**（trait anxiety）とは，その人の不安になりやすい特性を表す。この実験では状態不安得点だけを求めた。

状態不安得点を平均得点 ± 標準偏差で表す。「生演奏」が 43 ± 8 点，「歌入りの CD」が 45 ± 4 点，「オルゴール」が 44 ± 9 点であった。1 分間中の最初の 10 秒間の握力の推移を**図 2.8** に示した。握力の最大パワー値を「最大パワー値から −2 kg まで」と仮定したとき，最大パワーを発生させたのは，「生演奏」では測定開始 2 〜 7 秒後の間，「歌入りの CD」では同 3 〜 10 秒後の間，

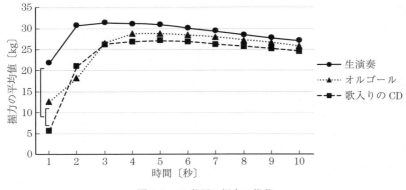

図 2.8　10 秒間の握力の推移

「オルゴール」では同3〜9秒後の間であった。

「生演奏」による握力は，測定開始1〜3秒後までは「歌入りのCD」および「オルゴール」より統計学的に有意に高く，ピークまでに達する時間が短い傾向にあった。しかし，統計学的な差は同4秒後からはなくなり，同15秒くらい以降からはどの音源でも平均値の差さえも同じになった。原因の一つは，最大握力の発揮に必要な力は無酸素運動であることで，最初の最大握力を発揮できる7〜9秒が非乳酸系であり，その後のおよそ33秒は乳酸系に換わるためである。

したがって，最大握力としては最初の10秒程度の時間内で差を生じることは生理的現象であり，音楽の効果はこの時間内に現れると考えられる。事実，この実験ではこの時間内の初期に差を生じた。『星に願いを』は周知のように非常に緩やかで，力を入れる握力パワーの発揮が難しいと考えられる楽曲であることや，実験参加者の好みの曲であることから歌詞を聴くとその言語情報が処理されやすく，握力発揮のための動機づけが低下したことが考えられる（Maslow 1943）。

握力のみの解析からは，音源による差異は数秒であったため，握力発揮に影響を及ぼす可能性のあるストレス感として不安感に注目した。この測定では，特にストレス感につながる状態不安得点を求めてあるため，これと実験参加者個々の握力の平均値との関係を調べた結果を示した。

図2.9は，歌入りのCDをBGMにしたときの，状態不安得点と握力の平均値との関係である。両者は，負の相関を取っており，状態不安得点が高いほど握力が弱くなる傾向が見られた。この関係は特別ではなく一般的なものであり，ストレスを感じている人ではストレスを感じていない人より筋力が弱くなる傾向がある（Fukuda et al. 1994）。また，状態不安得点が高いほどその同質の音楽に惹かれやすくなり握力低下を生じた可能性がある。驚いたことに，状態不安得点と握力の関係は実験開始3〜60秒後まで不変であった。

一方，**図2.10**のオルゴールをBGMにしたときの状態不安得点と握力との関係は明らかに正の相関が認められた。しかも相関係数は高く（$r = 0.64$,

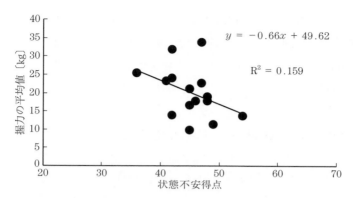

図 2.9　歌入りの CD を BGM にしたときの状態不安得点と握力との関係

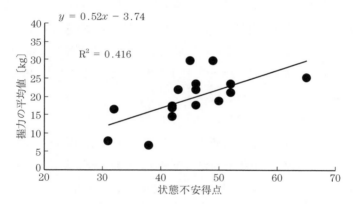

図 2.10　オルゴールを BGM にしたときの状態不安得点と握力との関係

$p = 0.0003$) 偶然ではないように見える。すなわち，状態不安得点が高い人はオルゴール聴取により，パワーの発揮ができたと解釈でき，不安やストレスが力になるという結果であった。状態不安得点と握力の関係は歌入りの場合と同様に，実験開始 3 秒後から現れ，60 秒後まで不変であった。この結果から得られたオルゴールの効果についてはこれ以上の解析は困難で，動機づけがなされたのか，それ以外の理由によるものなのかは不明である。

　一般にオルゴールの音は単音であり，また『星に願いを』は速度も子守唄に

近いなど，気持ちを楽にする要素はある。三つの演奏形態のなかで，生演奏では，パワー値と状態不安得点の間にまったく関連はなく，相関係数は「0」（$r = 0.000\ 0$）であり，心理的背景の影響を受けない実質の筋力が得られたものと考えられる。

2.9　音楽による QOL 向上に必要なこと

　新しい音楽を受け入れるためには多くの音楽を知っている必要があるかもしれない。音楽がそのときの自分に寄り添うように存在するように，音楽と感情や気分の間には相関性がある（前出の「同質の原理」）。人は知らず知らずのうちに自分の心情にあう音楽を聴いたり演奏したりしている。友人の家を訪れたときに流れている音楽を耳にしたとき，友人がどんな気持ちでいるのかを推測することもあながち無理ではない。このように，好きな音楽やそのときに聴きたい音楽があることは，その使い方により生活の質，すなわち **QOL**（quality of life）の向上につなぐことができる。

　若いときは，初めて聴く音楽は受け入れやすいが，歳とともに受け入れにくくなる傾向が見られる。初めて聴く音楽を受け入れる脳内経路のなかで，現在理解されている経路は，小脳後葉から視床外側核群を経て大脳皮質後連合野から前頭前野をとおり，大脳基底核前部から視床に至る空間認知座標経路であり，リズムを認識するときに働く系である。この系では楽曲に慣れてくると空間認知座標経路から運動座標経路へと移行するようである（Sakai et al. 1999）。何度か聴いた楽曲は脳幹や小脳など無意識の領域に記憶され，つぎに聴いたときにメロディやリズムとともに以前聴いたときの記憶が蘇る（Schultz et al. 1997）。

　このほか，現代人が所有するさまざまな音階はすべて記憶に由来しているという説もある（Tomita et al. 1999）。これらの脳幹機能を発現させるためには，脳内の多くの部位を使用しなければならないが，加齢とともに脳幹機能が徐々に発現しにくくなるのだと考えられている。節タイトルの音楽による QOL 向

上に必要なことには，新しい音楽を受け入れるためには多くの音楽を知っている必要があることを意味しており，人々は若いときにさまざまなジャンルの多くの音楽に接しておくことで，上記の各脳領域の機能が有効に活用されることになるのだと考えられる。

　これを裏づけるように多くの人々は，さまざまな楽曲に一人一人の物語を投影し，その映像は，目を開いていても認識できるほどになる。これは音楽の記憶が陳述記憶として刷り込まれるためで，大脳皮質や海馬系，さらに大脳皮質感覚連合野に送り込まれた音楽や風景，映像，匂い，味などの情報を手がかりとして，映像記憶を再現しているものと考えられている（Kupfermann 1991）。

　一般に古い記憶は忘れにくく，新しい記憶は残りにくいが，新しい記憶であっても記憶経路に繰り返し入力されれば残りやすくなる。そこに，音楽や映像，匂い，言葉などの手がかりが添えられれば陳述記憶として，より残りやすくなるはずである。近年，高齢者へのデイサービス施設で音楽を使ったお楽しみの体操や娯楽，現代風にはアミューズメントやエンターテイメントが必要とされており，その考証は代替医療や音楽療法などに詳しく述べられているため，ここでは割愛する。しかし，そこで使われる音楽をどのようにして決めているのかについて確証があるわけではない。一般には古い馴染みの曲が使われているが，その理由を検討する必要があった。そこで，高齢者の方々に対して複数の音楽の聴取を要請し，その反応を調査した結果を報告する（伊藤ほか2006）。

　対象者は，本研究の趣旨を説明した後に自らの意思により文書で同意をされた，音楽を聴くことを好む健常な高齢者22名（平均年齢78.8 ± 5.9歳）であった。このうちの10名の方から生理学的測定に参加する同意を得た。ここでいう健常の条件とは，同年代の平均的な健康状態，精神状態であり，実験に参加してよいことを主治医やご家族の方から許可を得ていることとした。生理学的な測定に際しては事前に充分な説明を行い，測定への協力を得たほか，知らない音楽を使用することも承諾を得た。

　使用した音楽は，事前調査から対象者一人一人の好みの曲（リラックスしているときに最近よく聴く曲）を用意した。大きく分けて22名中19名がいわ

ゆる演歌，2名は童謡，1名は唱歌であった。一方，馴染みのない音楽として宇多田ヒカルの『Distance』（作詞・作曲 宇多田ヒカル，2001年），およびリラクゼーションをもたらす音楽として神山純一氏により作曲された水の音楽から『水色の幻想』（作曲 神山純一，1989年）を使用した。

　音楽の聴取にはヘッドホンを使用し，聴取する音楽の順序はランダムとした。また，記憶から構成される情景を描写させないための無彩色の円形模様を視野一面に配置した（**図2.11**）。これは，記憶情景や景色によって音楽の入力が抑制されることを防ぐためである。

図2.11　測定の様子

　すべての音楽聴取前後の情緒調査は**意味微分法**(semantic differential method, SD法) により行い得点化した。SD法では，「疲れた–元気な」「悪い–よい」など20項目の反対の意味の形容詞対を，左にネガティブ感を置き，右にポジティブ感を置いた。得点化には，ネガティブ側から，とても（−2点），やや（−1点），どちらともいえない（0点），やや（1点），とても（2点）の5段階スコアを採用した。

　SD法から得られた結果の平均点 ± 標準偏差を示す。音楽聴取前は0.86 ± 0.92，『水色の幻想』は1.09 ± 0.90，好みの音楽は1.27 ± 0.85，『Distance』では0.79 ± 0.79であった。『Distance』は音楽聴取前，つまり，音楽をなにも聴いていないときと差はなかった。好みの音楽で好感度が最も高いのは当然としても，初めて聴いたにもかかわらず，『水色の幻想』は『Distance』より点数が高く，好感度をある程度得られたことがわかった（**図2.12**）。

　客観性のある指標には，自らの意志でその挙動が変化しにくいものを用いる。

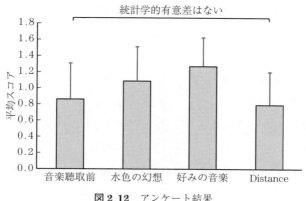

図2.12　アンケート結果

本実験では測定に苦痛を伴わない**自律神経平衡**（autonomic balance）を指標とした。テレビの健康番組などでも生理学的解析結果として**交感神経**（sympathetic nerve）が優意などと放送されるが，交感神経は自律神経のうち一般に攻撃側の神経である。交感神経反応としては，心拍数の増加や気道の拡張による換気量の増加，瞳孔の拡大，発汗，唾液分泌量の増加，そして消化管活動の抑制がよく知られる。

　一方，リラックスしているときの自律神経活動は**副交感神経**（parasympathetic nerve）が優位で，こちらは心拍数の減少，呼吸数や呼吸速度の低下，消化管活動の促進などが知られている。この実験では，音楽聴取前から聴取終了後まで連続的に心電図，脈波，脳波を記録した。これらの記録波形をフーリエ変換し，パワースペクトル解析を行うと，そのパワー値から自律神経活動を解析できる。さらに脳波の周波数を解析し，その周波数帯域から中西の方法により，アルファ波帯域振幅変化率を求めた（中西 1999）。アルファ波帯域振幅変化率は「くつろいだ状態」で最も高く，「緊張状態」や「ぼんやりしている状態」で低い値を示す。

　解析の結果，好みの音楽を聴取しているときに最も強く副交感神経の活動が増加（亢進）したことが心拍数の変動から示された。一方，脳波のアルファ波のパワースペクトル解析からは，好みの音楽を聴取しているときには，アルファ

波のパワーが増加し，スローアルファが出現していた。アルファ波のピーク周波数が8Hz程度まで減少し，副交感神経活動増加と同期したように変化をしたことが認められた。

　アルファ波帯域振幅変化率（ΔAMP）の範囲は好みの音楽では−8〜+28%，『水色の幻想』では−3〜+9%，『Distance』では−6〜+3%であった（**図2.13**）。好みの音楽以外では分散が小さく，好みの音楽＞『水色の幻想』＞『Distance』の順であった。好みの音楽以外では「くつろいだ状態」にはならなかったことがうかがわれた。好みの音楽ではアルファ波帯域振幅変化率は各対象者により大きく分散したが，これは，好みの音楽を聴取しながら「くつろいだ状態」にも，「気分よくぼんやりしている状態」にも，あるいは歌詞などに聴き入った「緊張状態」にもなったことを意味する。

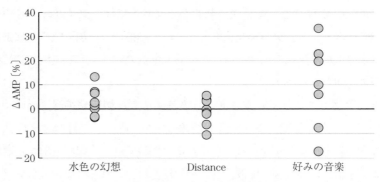

図2.13　高齢者のアルファ波帯域振幅変化率

　この実験への協力者として実験参加者となった高齢者へのアンケート結果から，健常な高齢者ではポジティブなあるいは明るい気分や感情の持ち主が多いことがわかった。医療関係者は，高齢者は抑うつ感が高い人が多いと考えがちであるが，このような実験に自ら参加してみようという気持ちのある人たちは，むしろ若者たちより気分は明るいと考えられた。

　この実験での対照実験では，18〜24歳までの若者たちが参加した。その若者たちのアンケート調査の平均スコアが，音楽聴取前と馴染みのない音楽では

ほぼ0点であった。これは，いわゆる若者気質と考えられ，好きか嫌いかをはっきりさせず，「どちらでもいい」と答えている。また，そうでなく，実験に参加したため，遠慮して嫌いだと答えられなかっただけかもしれない。いずれにせよ，高齢者のほうが若者より気分はよかった。

　若者のほかの二つの音楽への反応は高齢者と差異はなかった。2.1節で述べたように，若者たちにとっての馴染みのない音楽を提供するのには困難を極めたことを付記しておく。若者たちは20年程度の生活で，好むと好まざるとにかかわらずきわめて多くの分野の音楽に接してきた。それは，小学生から高校生までの授業のなかでも培われ，音楽の時間には歌謡曲からクラシックまで聴くだけでなく，感想を述べなければならず，作曲者まで覚えてきたのである。

　高齢者のアルファ波帯域振幅変化率から，好みの音楽に対しての「くつろいだ状態」はよく示された。高齢者に見られた，馴染みのない音楽に対しての「気分よくぼんやりしている状態」とは，おそらく微風が吹いているのと変わらない状態，「緊張状態」とは聴きたくないなと思っているかもしれない状態だと推測される。本節冒頭に記した音楽への記憶の定着（Schultz et al. 1997, Sakai et al. 1999, Tomita et al. 1999）を総合すると，初めて聴いた音楽を受け入れるためには，① 音楽にメロディやリズムがあること，② 複数回聴取していること，③ 豊富な音楽の記憶があること，に集約される。

　① のメロディやリズムがあることはそれが音楽であることのあかしである。ところが2.2節で紹介したように，最近，ソルフェジオ周波数が体によいという情報が出回っており，例えば741 Hzなどの単一の周波数の音に身体への効果があるとインターネット上でも宣伝をしている。しかし，単一音は音楽ではなく，ここでは考証するための情報を持たない。

　わが国はかつてない高齢化社会へと進んでいるが，高齢者にはこれからつくられる新しい音楽を積極的に聴かれることを推奨したい。その理由は，豊富な音楽の記憶が，歳を取ってから音楽の好みの展開を妨げない中枢神経系再構築の基盤になり，生活の質の向上につながるものと考えられるからである。さまざまなジャンルの音楽を聴くことはよいことである。

2.10　腸と脳の相互作用

『Physiologie du goût（味覚の生理学）』の著者として知られているジャン・アンテルム・ブリア・サヴァラン（Jean Anthelme Brillat-Savarin）の名言に、「君が何を食べているか言いたまえ。そうすればきみが何者かを言い当ててみせよう（Dis-moi ce que tu manges, je te dirai ce que tu es.）」（ブリア・サヴァラン 1953）がある。これを、現代の見立てで意訳すれば、「君の消化管はなにを欲しているのか、それで君の食指が動くのである。それはまた君の脳と精神が健康かどうかを見極める指標になるであろう」くらいになるであろうか。もちろん、異論もあると思う。

動物に、ある栄養素の欠損した餌を与えた後に各種の栄養素を与えると、動物は餌から欠損していた栄養素を選択して摂取する。これは人間でも同じで、そのとき不足しているものがそのときに食べたいものであり、食物の選択肢になることが一般的である。

実験として、やや難解な授業中に学生たちに異なる成分の3種類のお菓子を配り、「一つ食べていいですよ」といった。学生たちが一つを選択した頃合いを見計らって、「成分を見てください、成分はなんですか？」と問うと、そこにはグルコースと書かれているのである。ほかの2種類には原料としてのグルコースは含まれていない。「グルコースを選びましたね？」というと、学生たちは驚いた顔をして「なぜ？」と尋ねることがしばしばある。そこで、脳の栄養源であるグルコースの話を始めるわけである。

学習に必要なエネルギー源であるグルコースは、糖新生系と中枢および消化管ホルモンによる末梢の摂食促進系が相互に関連しあっているのだが、素早く血中のグルコースを増加させるためには摂食行為だけでは増加速度が不足する。そこで交感神経によるアドレナリン分泌や副腎皮質からのコルチゾール（副腎皮質ホルモン）による糖新生（アミノ酸やグリコーゲンからグルコースをつくること）および甲状腺ホルモンによる腸管からの吸収促進などによりすみや

かに血中グルコースを増加させる。もちろん摂食行為は重要である。なぜなら，摂食行為には至高の快感を伴い，その快感を生じさせる大脳の側坐核は音楽による感情の発現調整にも関与すると考えられているのである。

　医療系大学の学生にとっては周知の事実であるが，自らの行為に対しては無自覚であることに驚く。現在では脳の話と同時に，あるいはそれより先に消化管ホルモン，ペプチドの話から始めなくてはならない。これらの理由は，消化管ホルモン，ペプチドの受容体の多くが脳（脳幹周囲）に存在するからである。したがって，脳に栄養が必要なときは脳と消化管の両方からグルコースを選択する信号が出されているわけである。

　200年以上前のブリア・サヴァランの名言はその時代の科学により解釈を変えながら，現代でも十分に通用すると考えられる。いまは音楽の話をしているため，味覚は音楽ではないといわれるかもしれないが，2.6節で音楽は味覚を変えることを述べた。また，一般的に人は自分の感情や気分を肯定してくれると感じられる音楽を選ぶため，その人がいま何気なく選択して聴いている（演奏している）音楽がその人の現在の精神状態を表していると考えられる。したがって，音楽への感受性の違いが脳内味覚を変えさせることは特殊なことではない。

　脳腸軸（brain-gut axis）という言葉がある。脳腸軸は，中枢神経系と腸管神経系の間の通信を担い，脳の感情的および認知的情報を消化管機能に連絡している（遠心性情報伝達）。さらに，最近の研究から，脳腸軸の相互作用は双方向であり，消化管から脳への感情的で認知的な情報，例えば食欲とエネルギー恒常性，感情と態度，学習と記憶，ストレスへの応答，痛みへの反応などを上行性にも伝達していることが理解されるようになった。しかも末梢への遠心性情報より中枢への求心性情報のほうが，情報量が多いようである。

　すなわち，神経，内分泌，免疫および体液性のリンクによって，腸から脳へ，**腸内細菌叢**（microbiome，腸内フローラ）から脳へ，腸内細菌叢と腸自体，および脳から腸と腸内細菌叢へのシグナル伝達を介することが理解されてきた。この情報伝達は脳と末梢器官をつなぐ副交感神経の**迷走神経**（vagus nerve）とホルモンやペプチドなどの液性因子などによってなされている。腸内細菌叢－脳腸軸相互作用の臨床像としての証拠は，腸内毒素症と中枢神経障害（すなわち自閉症，不安感，抑うつ症状）および機能性胃腸障害から得られ，研究や治療につながってきている（Omran and Aziz 2014）。

腸管神経系は「第二の脳」とも呼ばれ，最近注目されている（メイヤー2018）。筆者は音楽において脳と腸の連関を検証するために，愛知教育大学武本京子教授との共同研究として，「音楽による聴覚と視覚のバイモダル刺激は腸（消化管）機能を働かせるか？」についての実験を行った（武本・伊藤2019，武本ほか2021）。バイモダルとは視覚と聴覚の二つの様式（モダリティ）という意味で，刺激をする神経系は，視覚は視神経，聴覚は内耳神経のうち聴神経で，両者は脳に直接つながっている。また，脳と消化管も迷走神経によって直接つながっている。

オペラやオーケストラの演奏，音楽フェスティバル，テレビの音楽番組，映画のサウンドトラックなど，音楽および映像から受ける刺激は，一般にバイモダルである。日常的に接している映像情報は，視覚情報の背景に聴覚情報（音楽）を豊富に含んでいる。オーケストラの演奏を目を閉じて聴くのであれば聴覚刺激だけが強調されるが，一般的に聴衆はどの楽器の音かと目を見開いて演奏を視聴する。

現代の情報社会では視覚情報が8割とか9割と聞くが，確かなことはわからない。例えば，シュミット監修の基本感覚生理学（シュミット 1989）には記載のみで出典は示されておらず，ほかの書籍や論文にも根拠が示されていない。しかし音楽に関する場合には，聴覚優位の情報処理が行われている可能性がある。実際，映像の存在が曲のイメージと異なる場合に，むしろ邪魔になることさえ起こりうる。

バイモダル刺激で経験する興味あることは，テレビや映画は画面の登場人物から声が出ているわけではないのに，あたかも登場人物の口から声が聞こえるように錯覚してしまう。これを**腹話術効果**（ventriloquism effect）という（Welch and Warren 1980）。YouTube などでは歌手の口と声が微妙にずれることが散見

されるが，不快感を生じることがある。また，映像と音楽に関係性がまったく見出せないと感じるときや，受験勉強中に近所の盆踊りの音楽が聞こえてくるときなど，視聴覚の不一致を生じたときの処理は，知覚的（感覚的）解決を意識的・無意識的に行っていて，一方の感覚が他方の感覚を支配することはよく経験することである。これを McGurk 効果という（Macdonald and McGurk 1978）。これらのことから，視覚と聴覚のどちらが優位になるかは個人の興味の有無や必要性に左右される。

実験では，ピアノ演奏と，その楽譜から醸し出される情景を作成した映像を反響版に投影し，実験参加者は映像つきのピアノライブを視聴した。一部静止画，一部にアニメーションを駆使し，映画のような情景を視聴者に提供したと考えていただきたい。アニメーションは熟練したピアノ演奏家が腹話術効果を意識してずれのないよう慎重に操作した。

ピアノ曲はクラシックの名曲集で，『プレリュード 第2番（鐘）』（作曲 セルゲイ・ラフマニノフ，1913年）から始まる4曲によるテーマ「絶望と落胆」，『エチュード 第1番「練習曲ハ短調」』（作曲 アレクサンダー・スクリアビン）から始まる5曲によるテーマ「悲しみの受容」，『ジムノペディ 第1番』（作曲 エリック・サティ，1888年）から始まる4曲によるテーマ「幸せの予感と希望」，そして『ハンガリー狂詩曲 第6番』（作曲 フランツ・リスト，1853年）から始まる3曲によるテーマ「未来への情熱と躍動」の全16曲，4テーマからなる組曲風に仕立て，各テーマを約16分で演奏できるように設計した。

対照実験として，この実験に使用した映像だけを見せる視覚群と，映像なしで演奏だけを聴かせる聴覚群を別に行った。これらの対照実験の参加者は，同年代ながらすべて別の人を募集した。それぞれの実験では「ピアノ演奏および映像（視聴覚群）」を提示，「ピアノ演奏だけ（聴覚群）」を提示，「映像だけ（視覚群）」を提示し，各テーマ提示終了直後に唾液を採取した。

唾液からは，脳腸相関物質であり体内では腸で最も多く産生される**セロトニン**（serotonin，5-HT）と，人体では腸で多く産生される免疫調節に関与する物質である**キヌレニン**を測定した。両物質はともに必須アミノ酸の一つである

トリプトファン（tryptophan）の代謝産物である。また，自己記載式の状態－特性不安質問紙日本語版 STAI（スピルバーガー 1981）への回答を各テーマ視聴直後に依頼した。

　実験参加者は，年齢範囲だけを 19 〜 24 歳に決めて公募した。ただし，音楽を聴くことを好まない人，それに加えて消化管に影響を及ぼす可能性のある喫煙者はあらかじめ公募から外し，いわゆる精神神経疾患と診断された人，前日飲酒した人，不眠症状のある人，下痢をしている人および当日病的症状があると自ら感じた人には当日の実験への参加を見合わせた。ただし，演奏を視聴すること関して制限はしなかった。その理由は，予定していた仲間が突然排除されれば音楽の視聴より動揺による影響が高くなる可能性があるためである。

　唾液中セロトニン濃度には，臨床的にはっきりとした基準値は決められていない。日内変動（日内リズム）や個人差が大きいためである。そのため，この実験時間は集合してから解散するまでに 2 時間を限界とし，午前 10 時から 12 時までの午前の活動時間中に行った。

　実験の結果，「絶望と落胆」では，STAI による状態不安得点が実験前の 39 点よりかなり高い，平均 55 点であった。対照実験でも状態不安得点はやや高くなったが，以後の三つの組曲では対照実験も含めて状態不安得点は低下した（**図 2.14**）。セロトニン濃度は状態不安得点とは少し違い，「絶望と落胆」で増加し，つぎの「悲しみの受容」ではさらに増加していた。その後の「幸せの予感と希望」，「未来への情熱と躍動」ではやや低下したものの，実験前より高い値を維持した。

　対照実験のうち，セロトニン濃度は，「ピアノ演奏だけ（聴覚群）」では，最初の「絶望と落胆」で増加し，最後の明るく華やかな「未来への情熱と躍動」で再び増加を認めた。「映像だけ（視覚群）」の実験では，最後の「未来への情熱と躍動」だけで増加が見られた。これは，視覚の誘導効果の可能性だけでなく，映像自体が躍動的で楽しい要素を含んでいたからだと考えている（**表 2.5**，値は平均値〔ng/ml〕 ± 標準偏差，太字は実験前の値より有意に高くなっていることを示す）。

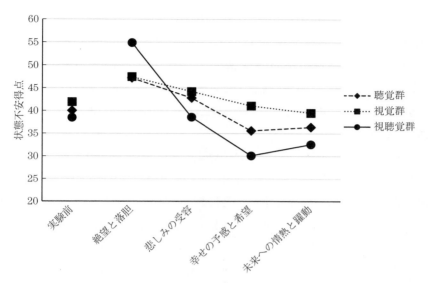

図 2.14　各組曲による状態不安得点の推移

表 2.5　唾液中に分泌されたセロトニン濃度の推移

	実験前	絶望と落胆	悲しみの受容	幸せの予感と希望	未来への情熱と躍動
視聴覚群	1.19 ± 0.67	**2.26 ± 0.91**	**3.30 ± 1.54**	**2.42 ± 1.47**	**2.47 ± 1.23**
聴覚群	1.44 ± 1.12	**2.14 ± 1.51**	1.93 ± 1.29	1.84 ± 1.03	**2.25 ± 0.76**
視覚群	1.27 ± 1.41	1.50 ± 1.28	1.06 ± 0.89	1.26 ± 0.98	**2.30 ± 2.15**

　本節の主題である「音楽における聴覚と視覚のバイモダル刺激は腸（消化管）機能に影響するか」を検討するために，セロトニンとキヌレニンを測定したので，それらの結果を述べる。唾液で検出されるセロトニンは腸に由来し，腸のエンテロクロマフィン細胞や腸内細菌叢でつくられた後，血液中で**オータコイド**（autacoid）と呼ばれるホルモン様作用を発揮する。オータコイドとはホルモンや神経伝達物質以外の物質の総称であるから，末梢セロトニンは脳内物質ではない。

　血液中のセロトニン（末梢セロトニン）は唾液からは分泌されるが，血液から脳へは移動しない。つまり，唾液や血液で測定されるセロトニンは，脳内の

セロトニン（中枢セロトニン）とは直接連絡をしていない（Audhya et al. 2012）。ちなみに，脳内のセロトニンは，5-ヒドロキシインドール酢酸（5-HIAA）という物質に代謝されて血液中に出てくるが，血液中のセロトニンもまた 5-HIAA に代謝される。脳内のセロトニンは全セロトニンのわずか 1 ％でしかないため，測定可能な血液中の 5-HIAA もまた腸由来の末梢セロトニンであるといえる。

　末梢セロトニンのおもな機能には，血管を収縮させる役割が大きく，怪我をしたときなどには血小板に取り込まれている多量のセロトニンが毛細血管を収縮させて出血を減らすために働く。逆に頭部の血管（これは中枢ではない）では，脳と接する血管を拡張させ頭痛を発生させることがあり，また，腸の働きを調節することも重要な役割である。そのほかに，腸やリンパ球でメラトニンをつくる基質（原料）になるほか，多くの作用が知られている。ちなみに，セロトニンを原料としてつくられたメラトニンは末梢（脳以外の体内）では強力な抗酸化物質として作用する。

　話題を戻すと，セロトニンとキヌレニンは必須アミノ酸のトリプトファンからつくられ，腸などから血液中に放出される。基質が同じなため，セロトニン／トリプトファン比，キヌレニン／トリプトファン比を取り比較をした。その理由は，基質になるトリプトファンが多ければセロトニンやキヌレニンが多くなるためで，その補正が必要となるからである。その結果，**図2.15**に示すように近似した推移が見られることがわかった。各組曲での濃度比を示しており，白抜き棒はセロトニン／トリプトファン比，灰色棒はキヌレニン／トリプトファン比を示す。これは，音楽や映像による刺激が感情や気分さらには腸に影響している可能性を強く示唆している。

　さらに，セロトニン／トリプトファン比，キヌレニン／トリプトファン比の聴覚群，視覚群および視聴覚群それぞれでの相関係数を一次関数の近似式で表すと**図2.16**のように，聴覚群と視覚群では傾きほぼ同じであり，視聴覚群だけが傾きが小さくなっていた。すなわち，視覚だけへの感情や気分の応答，聴覚だけへの感情や気分の応答はほぼ同程度であったが，視聴覚によるバイモダ

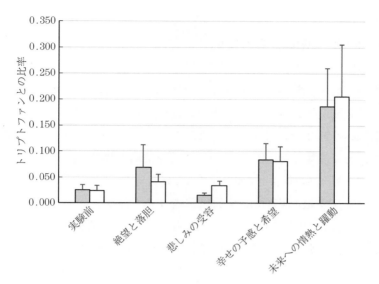

図 2.15　セロトニンとキヌレニンの相関

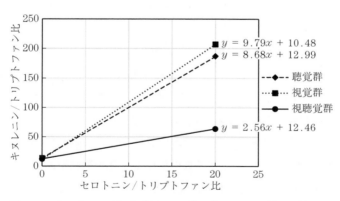

図 2.16　セロトニン／トリプトファン比，キヌレニン／トリプトファ
ン比の聴覚群，視覚群，視聴覚群それぞれでの相関の近似式

ル刺激では，単一の視覚刺激あるいは聴覚刺激よりセロトニンの分泌量が多
かった。このことは，バイモダル刺激が単一刺激より腸への作用が強いことを
示している。

2.11 呼吸・循環器系の反応

　音楽への身体応答は音楽を聴くことがおもに論じられているが，演奏中あるいは高齢者施設などでの手拍子やトーンチャイムなどを利用した，簡単で能動的な音楽への参加中に身体の状況はどうなっているのか，興味のあるところである。自分で演奏したり歌ったりする音楽を**能動的音楽**（active music）というが，脳や神経系の状態まで研究することは容易ではない。それは，演奏中にfMRIなどでの測定が困難なためである（第1章を参照）。

　しかし，簡単に調査することは可能である。例えば，心拍数（脈拍）の変動や体温の変化，呼吸数の変化を調べるだけで，自律神経系の興奮の度合いをある程度推定できる。これらが多い（高い）ほうへ偏移すれば交感神経の活動促進，少ない（低い）ほうへ偏移すれば副交感神経の活動促進といった具合である。そこから自律神経系に投射するニューロンを推測し，予測される中枢活動を捉えられるかということになる。

　ただ，歌を歌うときは心拍数が多くなっても呼吸数が減る，場合によっては止まることがある。これは，歌唱による過呼吸によって血液中の二酸化炭素量が恒常状態より少なくなるためである。血液中の二酸化炭素は中枢性の呼吸中枢をコントロールする重要な因子であり，あまり動かないで歌詞の多い歌を大声で歌うと，血液中二酸化炭素量が低下してしまう。場合によっては35 Torr（mmHg）以下にもなる。すると呼吸中枢による呼吸抑制が起こり，数秒で血中二酸化炭素量が復元して，血液は恒常状態を取り戻す。ただし，踊りながら歌うと，運動によって酸素が消費されて二酸化炭素産生量が増えるため，これを排出するために呼吸数が増加する。このように，歌を歌う場合は呼吸が，自律神経よりむしろ二酸化炭素量の増減に左右されて大きく変化する。

　演奏会などではなく，日常のピアノ演奏の1曲を真剣に演奏しているときの呼吸数と心拍数の変化を調べた（伊藤ほか2000）。吸気量や心拍数の増加は，脳や循環系など身体機能が高まり，酸素をより多く消費していることを示す指

標となる。実験参加者には，アマチュアのピアノ演奏者を選択した。実験について詳しく説明し，それに賛同して進んで協力を申し出た20名（平均年齢22 ± 10.6歳，平均ピアノ演奏歴13 ± 8.4年，女性14名，男性6名）からサンプリングできた。

演奏方法は自由で，自分が最も弾きやすい曲としたが，演奏方法は統一した。その理由は，演奏方法が大きく異なると結果の比較が難しくなるためである。ピアノ演奏者への依頼は，必ず楽譜を見て演奏すること，演奏時間は5分間程度になるように短い曲は繰り返し，長い曲は途中の区切りのよいところまであらかじめ決めておくこと，また，途中で弾き誤っても中断せずそのまま何事もなかったように弾き続けること，重要なことは情熱を込め過ぎないことである。

実験開始に当り，ピアノ演奏者に測定用の各種プローブ（probe，測定端子）を取りつけ，モニタカメラなどを設置後測定者たちは隣の控室に移動し，演奏時は室内に演奏者が1人だけになるようにした。また，演奏に使用したピアノは鍵盤の重さや音質の差による影響が少ないよう，コンサート用ピアノ1台を用い測定環境をできるだけ統一した。

実験の結果，1分間当りの呼吸回数（呼吸数）は演奏前の20 ± 5.4回/分（平均値±標準偏差）から演奏中の21 ± 5.5回/分とほとんど変化はなかったが，演奏後には17 ± 4.9回/分へ減少した（$p < 0.05$）。通常時の成人の呼吸数は，16 ～ 18回/分程度であるから，演奏前の呼吸数の20回/分は多すぎるが，これは「実験に参加する」ことへの期待と興奮により平常心が保てない様子を示している（**図2.17**）。

このような状態が生じるのは，自律神経のうち交感神経が興奮するだけではなく，**予測制御**（predictive control）という高次脳機能による無意識的に生体を事前に調節する機構が働いたからである。この制御を簡単にいうと，これから緊張状態が発生するから「あらかじめ循環や呼吸機能を上げておけば適応できる」という循環や呼吸，血管，神経などへの反応機能である。演奏会やプレゼン発表，授業中に教師に指名されたときなどにおいて，日常的に生じる状況である。

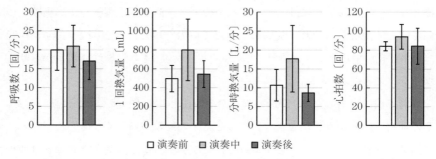

図 2.17　ピアノ演奏による呼吸と心拍数の変化

　結果の続きを記す。吸気の 1 回換気量（呼吸をするときの呼気位から吸気位までの大きさ），つまり「吸った量」は 498 ± 140 mL から 802 ± 326 mL へと統計学的に有意（$p < 0.001$）に増加した。演奏後には 543 ± 142 mL にまで減少し，演奏前よりやや大きい程度で，安定した。演奏前の呼吸数は 20 回/分で 1 回換気量が約 500 mL なため，実際に吸気している量は 1 分間に約 10 L である。それが，演奏中には約 1.7 倍の 17 L/分にもなった。演奏中の換気量は演奏後と比べても約 1.8 倍であり，演奏前と演奏後にはほぼ差はなかった。

　呼吸生理学的な解釈をすると，吸気というのは鼻と気道はガス交換（必要なだけの酸素を摂取して余分な二酸化炭素を排泄すること）ができないため，肺胞まで空気が入らないと呼吸にはならない。この間のガス交換ができない区域を死腔といい，これが約 150 mL ある。この存在を計算に入れた結果は，演奏前は約 7 L/分，演奏中は約 14 L/分，演奏後は約 7 L/分であり，演奏中は約 2 倍になっていることがわかった。演奏前は緊張して呼吸数は多いが，酸素摂取量は増えていない。

　酸素を運搬するための心拍数は 84 ± 21 回/分から 94 ± 23 回/分へと約 1 割増加した（$p < 0.01$）。心拍数は 2 倍にはならなかったが，心臓には陽性変力作用といって，同じ一心拍でも拍出量（心臓から出る血液の量）を増加させる機能があるためである。演奏後には 84 ± 19 回/分と演奏前と同じ心拍数に回復した。

演奏が多量の酸素を必要とする理由は，単純には演奏のための骨格筋を動かす筋肉運動ためと思われる。酸素の役割は，細胞の栄養源であるグルコースを分解してエネルギーをつくるために利用されることであり，その反応式は高校の生物でも学習したように

$$C_6H_{12}O_6 + 6H_2O + 6O_2 \rightarrow 12H_2O + 6CO_2 + 686\,\mathrm{kcal}\,(38\,\mathrm{ATP})$$

であるから，1モルのグルコースをエネルギーとして使用するためには6モルの酸素が必要になると解釈される。実験参加者による個人差はあったが，**エネルギー代謝率**（relative metabolic rate，RMR）は3〜5倍に相当した。

血液中のグルコース（血糖）の動向を見ると，食事から摂取されたグルコースの約45〜50％が中枢神経系つまり，脳に集中することがPET（positron emission tomography，陽電子放出断層撮影法）画像により判定されている。このことは，ピアノ演奏中に酸素の消費量が増加した一因は，脳の機能が高まり酸素需要が増加したことを意味する。

ピアノ演奏だけを例にあげたが，演奏，歌唱など音楽をするということは肺や心臓だけでなく，脳や筋肉などさまざまな器官を動員する必要があり，身体機能を高めることにつながると考えられる。音楽家は指先に神経を集中させて作動させるため脳の老化を防ぐといわれることがあるが，それだけではなく，演奏をすること自体が脳を機能させるため，老化を遅らせていると推測できる。

2.12　音楽を聴くことが嫌いな人への配慮

いろいろな状況下において，音楽を聴くことを好まなかったり，嫌う人がいる。その中には耳鳴りのある人や**聴覚過敏**（hyperacusis）の人（Baguley 2003）など，状況によって病的な場合もある。そうでなくとも緊張する場面で自己統制が取れず，わずかな音でもやかましいと感じることなどは経験のあることだと思う。

本節では，音楽は心身によい影響を与えるだけではなく，人によっては音楽

自体がストレスの原因になることを認識すべきであることを記す。しかし，音楽を好まない人は多くない。ある大学病院の血液浄化センターにおいて血液透析治療を行っている人たちのうち，日常的に，なにかをするときに音楽を聴きながら行うことを好まない4名の方に実験参加者として実験に協力していただくことができた。

　実験参加者である音楽を聴くことを好まない人たちでも，聴いていて多少は心地よいと感じられるいくつかの楽曲があったことから，それらを複数つないでリピートする方法（1リピート30分ほど）で血液透析中の約4時間を過ごし，その途中でも嫌になった時点で聴くことを終了して，POMS（Profile of Mood States，気分の状態を測る質問紙，マクネアほか1994）への回答を求めた。

　音楽を聴くことを好まない人たちの実験対照者として，同じ血液浄化センターにて同様に治療を受ける，日頃音楽を聴くことを好む人たちに協力を依頼した。この研究での実験対照は，いわゆる一般的な基準という意味で重要になる。血液透析を受ける人は，その終了後に疲労感が強くなることがあり，実験参加者との差異を検討するためには必要不可欠なのである。実験対照者は実験参加者と同じ研究倫理下で，同じ血液透析を受ける際に好きな音楽を聴き，血液透析終了前にPOMSへの回答を行った。得られたデータについて実験参加者と実験対照者の両者の回答を比較した（伊藤ほか2002）。

　ここで，POMSテストとは以下の六つの気分尺度を調べる方法である。すなわち，① 緊張-不安（緊張感および不安感），② 抑うつ-落ち込み（自信喪失を伴った抑うつ感），③ 怒り-敵意（不機嫌，イライラがつのっている），④ 活気（元気さ，躍動感，活力），⑤ 疲労（意欲減退，活力低下などの疲労感），⑥ 混乱（当惑，思考力低下）の気分状態を得点化して評価する方法である。結果の解釈は，④ の活気は点数が高いほど気分がよく，それ以外の5項目は，点数が高いほど気分状態が低下していることを表す。

　実験は2回行い，そのうちの1回は実験参加者と実験対照者ともに，音楽を聴かないで血液透析を受け，これをコントロールとした。もう1回は両者ともに前記のように音楽を聴きながら血液透析を受け，両者の気分尺度の比較をし

た。

　結果を POMS の 6 項目の気分尺度ごとに提示する。各気分尺度を線で結ぶと両者の違いがわかりやすい。**図 2.18** は，実験参加者（音楽を聴くことを好まない人たち：実線）および実験対照者（日常的に音楽を聴いている人たち：破線），の音楽を聴きながら血液透析を行った後の各気分尺度の違いを表している。実験参加者の音楽を聴いていないときの気分尺度得点は，実験対照者のそれと差はなく，実験対照者では音楽聴取前後での差を認めなかった。したがって，実験参加者では音楽聴取の有無による影響が強く表れた。

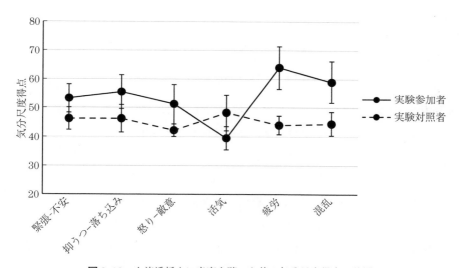

図 2.18　血液透析中に音楽を聴いた後の気分尺度得点の差異

　図 2.19 は，実験参加者の血液透析前後での各気分尺度得点の変化率を，（後の値 − 前の値）÷ 前の値 × 100 ％で表したグラフである。実線は音楽を聴きながら，破線は音楽なしでのそれぞれ血液透析の前後での気分尺度の変化を表している。マイナスの点数（0 点以下）になっている気分は，血液透析後に気分尺度得点が低下（活気以外は改善）したことを，プラスの点数（0 点以上）になっている気分は，気分尺度得点が増加（活気以外は悪化）したことを表している。音楽を聴くことを好まない人では音楽を聴くことにより，抑うつ−落

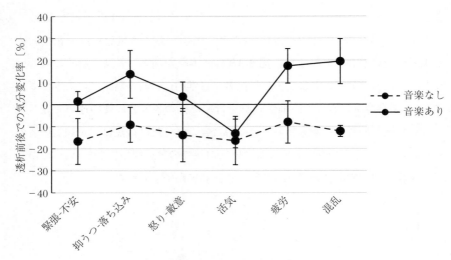

図 2.19 血液透析前後での気分変化率

ち込み，活気，疲労および混乱の各気分尺度が悪化していることがわかる。

実験参加者における各気分尺度の詳細は以下のとおりである。

① 緊張-不安では，音楽聴取の有無にかかわらず血液透析前後で変化を認めなかった。

② 抑うつ-落ち込みでは，音楽聴取により高くなる傾向が見られた。すなわち，音楽の影響で抑うつ感の増加や気分の落ち込みが起きる人が現れた。

③ 怒り-敵意では，音楽聴取の有無にかかわらずこの気分尺度に変化を認めなかった。これは，音楽を聴くことを好まなくとも，不機嫌になったりイライラがつのることはなかったことを意味する。

④ 活気では，音楽聴取により低下が認められた。すなわち，なにかをするときに音楽を聴くことを好まない人の場合，音楽を聴く行為は，躍動感や活力を減退させてしまう可能性があることが認められた。

⑤ 疲労では，音楽聴取により増加した。すなわち，意欲の減退や活力低下が起こっていた。

⑥ 混乱では，この気分尺度は当惑，思考力低下を意味しており，音楽聴取

により本尺度が⑤の疲労以上に高くなくなる傾向が見られた（図2.19）。

この実験の参加者である,「音楽を聴くことを好まない人」は多くはない。2.4節で調査した大学の学生183名のなかからは1名も抽出できなかった。しかし,ある調査では大集団のなかであれば6％ほどはいると報告されている（Martínez-Molina et al. 2016）。このような大学での調査では,学部や専攻する学科などにより嗜好への回答に著しい違いが見られる場合がある。専攻する学科が同じかどうか,例えば医療系のような括りであれば,それを目指してくる学生たちの考えの根本には近いものがあると考えられる。

年齢層に関しては,一般に大学生はほぼ同世代であり,生育環境が似ていることが多く世代間ギャップをあまり感じない。これは,知っている音楽家や歌手,楽曲,さらには音楽を再生するデバイスなどの共通性につながる。この実験に参加いただいた,なにかをするときに音楽を聴くことを好まない人たち4人の年齢層には20歳ほどの幅があり,大学生の年齢幅からは想定できない多彩な方たちであった。したがって,幅広い年齢層に分布して存在していることがわかる。

音楽をあまり好まない人たちは音楽聴取により気分の改善はあまり期待できないばかりかむしろ活気を失い,抑うつ感や疲労感,混乱感が増加することがわかった。この人たちにとってなにかをしながら音楽を聴く行為は,とても大きな苦痛を受けることだと考えられる。人はだれでも自分の嫌いな食べ物を食べたり,嫌いな匂いを嗅いだり,嫌いな人と顔をあわせたり,嫌いな行為を見たり受けたりするとき,それらに心と体が反応し気持ちが重くなる。言い換えれば,楽しくなくなる,嫌な気分になる,活気が低下する。

これはカナダの生理学者セリエ（H. Selye）の提唱した**汎適応症候群**（general adaptation syndrome）から説明されるように,外部環境からの刺激によって起こる精神的あるいは肉体的ひずみに対する非特異的反応と考えられる。すなわち,生体が悪環境や不良な対人関係,感染症,各種のストレス刺激に当面したとき,そのストレス刺激の種類とは無関係に一連の個体防衛反応が現れる。その防衛反応の主役は**視床下部-下垂体-副腎軸**（hypothalamic-pituitary-adrenal axis，HPA軸）のホルモンであるコルチゾール（糖質コルチコイド）である。コルチゾールの分泌増加は糖新生を増やし，細胞の栄養源であるグルコースを増加させることにある。なんのためかというと，細胞のエネルギー源であるグルコースを増加させておき，その後に起きる事象に戦いを挑むか逃げるか（闘争逃走反応）するためである（Cannon 1930b）。

　音楽を聴くことを好まない人たちが音楽を聴くときは，「いまから嫌いな行為を受ける，苦痛を生じる」という心身の防御反応が起きる。音楽を聴き続けることは苦痛を受け続けることにつながる。近年，しばしば耳にする「音楽療法」を実施しようとするときには，その対象者にとって「音楽が好きであること」がどれ程重要な条件であるかを認識しておかなければならない。

　現代はスマートフォンやテレビ，ラジオ，ゲームなど，身の回りに音楽を発生する道具（デバイス）が存在し，音楽に満ちあふれている。ニュースにしてもワイドショーやドラマにしても，話し声のほかの時間は音楽で埋められている。したがって，音楽のない空間というのは，例えば音の出るデバイスをなにも身に着けずに広い河川敷を歩いているときくらいだろうか。音楽は人間生活のなかに溶け込んでおり，いつの間にか人々はそれを自然な状態と感じているばかりか，音楽のない世界で生きることは想像ができないほどになっている。将来，教育や治療目的のために，あえて音のない環境を体験することが必要になる時代が来るかもしれない。

2.13　音楽の光と影

　音楽が身体に及ぼす効果について，音楽を考える際の参考になればといくつかの実験結果を提示させていただいた。実験以前の問題として，背景に音楽を用いるというのは現実社会では「ながら」になるという理由で理解されないこともある。その原因となるのは歌詞の言語情報であり，これが課題遂行に悪影響を及ぼすなど否定的な意見は少なくない。しかしながら，本章で示したように認知処理速度の向上や運動パフォーマンスへの効果もあり，人体に及ぼす効

果を検証すれば肯定的に捉えるべき結果も多数生じている。

　2.5 節には，日野原重明先生による音楽療法の心理的効果として，自意識を高め，不安やうつを和らげること，意味のあるできごとを思い出させ，意識上，意識下の広範囲にわたり言葉では表せない感情を起こさせる手助けとなること，感情に直接訴えることにより，広範囲にわたる感情を，言葉ではない音楽によって表現させることなどを述べたほか，筆者による経験も記した。

　音楽を好んで聴いていた知人の病が徐々に重症化し，病の進度に合わせるように聴いていた音楽の種類が変わっていった。元気なときにはオペラもロックミュージックも聴いていたが，重くて聴けないとモーツァルトになり，最後には童謡になった。2.9 節で快く実験対照者になっていただいた後期高齢者の方々の好みの音楽は古い馴染みの演歌であり，童謡であり，唱歌であった。

　音楽は人間が創成した最も普遍性の高いものの一つである。しかし，どのような音楽をどのように好むかに普遍性はない。人生を豊かにする道具であり，疾病の代替療法に役立ち，スポーツをするときの力の源になり，国家を変える原動力を後押しすることさえもあった。最近，人とペットの動物との生活距離が近くなり，ヒト以外の動物に対する音楽の影響も徐々に知られるようになってきた。今後はそのような研究も進むだろう。

　音楽を好まない人たちにとっては，音楽で感動できない，やかましいだけだという。聴覚過敏などの聴覚異常で音楽を好まない場合もあるため，音楽は身体によいと軽々しくは述べられない。音楽を聴いたことのない人も全体からするとわずかではあるが存在する。生まれつき聴力のない人たちである。音楽家とメーカが協力して SOUND HUG という音楽を感じるデバイスを作り上げた。聴覚抜きで音楽を感じられれば，音楽を好まない人でも感動できるのであろうか。

　外からの音や音楽に囲まれて生活している一方で，私たちは「自分の活動音」に鈍感になっている。静かな場所に身を置くと，心臓の音や呼吸するときの音，気道を空気が通る音，身体が動いて衣服から出る音など，さまざまな音が自分の身体から出ていることに気づく。自分の活動音に意識を集中させることは，

マインドフルネスなどとも共通していて，心の平安を保つことにつながる。生きていることを実感することは，日常生活を送るうえで大切なことだろう。

引用・参考文献

〈日本語の文献〉

池谷裕二　監修（2015）：大人のための図鑑　脳と心のしくみ，新星出版社

伊藤康宏，中山隼輔，杉山智久，加藤みわ子（2019）：生演奏が与えるリラクセーション効果について，心身医学，59（2），p.182

伊藤康宏，米倉麗子，松田真谷子（2002）：音楽を好まない人たちの，透析中の音楽聴取が気分に与える影響，日本音楽療法学会誌，2（2），pp.188-194

伊藤康宏，米倉麗子，松田真谷子，厚味高広，鈴木茂孝，長村洋一（2000）：ピアノ演奏による換気量の増加，日本バイオミュージック学会誌，18（2），pp.223-228

伊藤康宏，米倉麗子，松田真谷子，久保田新，長岡俊治，長村洋一（2006）：好みの音楽を持つことは老後の QOL の向上に有用である，生物試料分析，29（5），pp.441-446

伊福部昭（1993）：東宝怪獣行進曲 2，EMI ミュージック・ジャパン，TYCY-5344

伊福部昭　著（2008）：完本　管絃楽法，音楽之友社

加藤隆雄（2010）：SEMI の選択，南山大学人文学部心理人間学科教員エッセイ，https://www.ic.nanzan-u.ac.jp/JINBUN/Shinriningen/tokusyu/essey/2010/0719.html（2022 年 9 月現在）

加藤みわ子，伊藤康宏，古井　景，永　忍夫，清水　遵（2008）：不安になりやすい性格傾向が味覚閾値に及ぼす影響，心療内科，12（4），pp.326-332

櫻井宏明，林　琢磨，兵藤春菜，平田美帆，松田真谷子，伊藤康宏，才藤栄一（2003）：聴覚刺激が筋出力に及ぼす効果，健康創造研究，2（1），pp.65-68

R.F. シュミット　著，岩村吉晃，酒田英夫，佐藤昭夫，豊田順一，松裏修四，小野武年　訳（1989）：感覚生理学，金芳堂

C.D. スピルバーガー　著，水口公信，下仲順子，中里克治　訳（1981）：状態・特性不安検査 STAI Form-X，三京房

総務省（2020）：1. 高齢者の人口，統計トピックス No.126 統計からみた我が国の高齢者—「敬老の日」にちなんで—，https://www.stat.go.jp/data/topics/topi1261.html

武本京子, 伊藤康宏 (2019):「イメージ奏法」を用いた音楽が心身に与える影響, 愛知教育大学健康支援センター紀要, 18, pp.3-8

武本京子, 伊藤康宏, 石原　慎, 川井　薫, 飯田忠行 (2021):人間の感情への効果を科学的エビデンスで立証した「イメージ奏法」を活用したレジリエンスを高める音楽演奏法, 愛知教育大学研究報告. 芸術・保健体育・家政・技術科学・創作編, 70, pp.1-9

土屋由美, 伊藤康宏, 久保田新, 谷崎由紀子, 殿井友子, 松田真谷子 (2004a):高齢者への音楽聴取がもたらす効果Ⅰ — SD法による情緒調査 —, 藤田学園医学会誌, 28 (1), pp.41-44

土屋由美, 伊藤康宏, 松田真谷子, 櫻井えり子, 小林希美, 助川真代, 長岡俊治 (2004b):高齢者への音楽聴取がもたらす効果Ⅱ — 曲種の違いによる自律神経応答の相異 —, 藤田学園医学会誌, 28 (2), pp.141-145

中西正人 (1999):脳波定量分析による短区間の覚醒水準判定の試み — 音刺激時の α 波振幅の変化に着目して —, 脳波と筋電図, 27 (5), pp.404-412

灘岡和夫, 玉嶋克彦 (1989):海岸環境要素としての波の音の特性について, 海岸工学論文集, 36, pp.869-873

平石貴士 (2016):日本のポピュラー音楽の界の構造分析:多重対応分析を用いた構造の客観化, 立命館産業社会論集, 52 (2), pp.67-86

日野原重明 (1996):音楽の癒しのちから, 春秋社

ブリア・サヴァラン 著, 関根秀雄 訳 (1953):美味礼讃 — 味覚の生理学 —, 創元社

穂積　訓, 稲垣照美, 福田幸輔 (2009):虫の音が人の感性に及ぼす影響 — コオロギ類の音の音響的特徴と脳波の関係 —, 日本感性工学会論文誌, 8 (4), pp.1137-1144

D. M. マクネア, M. ロア, L. F. ドロップルマン 著, 横山和仁, 荒記俊一 訳 (1994):Manual for the profile of mood states（POMS）（日本版POMS手引）, 金子書房

松田真谷子, 厚味高広, 鈴木茂孝, 伊藤康宏, 長村洋一 (1998):「心がやすらぐ」「心がいやされる」と感ずるのは, どんな音楽を聴いたときか, 日本バイオミュージック学会誌, 16 (2), pp.201-208

松田真谷子, 厚味高広, 伊藤康宏 (2001):如何なる種類の音楽を聴いたとき人は元気がでると感じるのか, 日本音楽療法学会誌, 1 (1), pp.87-94

エムラン・メイヤー 著, 高橋　洋 訳 (2018):腸と脳 — 体内の会話はいかにあなたの気分や選択や健康を左右するか, 紀伊国屋書店

山下優一, 牧　敦, 山本　剛, 小泉英明 (2000):光による無侵襲脳機能画像化技

術 光トポグラフィ，分光研究，49（6），pp.275-286

養老孟子（2017）：遺言。新潮新書

読売新聞オンライン（2021）：古関裕而氏作曲のオリンピックマーチ：57年の時を経て国立競技場に響いたオリンピックマーチに「古さ感じない」「時を超える名曲」，読売新聞オンライン 東京2020オリンピック，https://www.yomiuri.co.jp/olympic/2020/20210808-OYT1T50179/

理化学研究所 脳科学総合研究センター 編（2016）：つながる脳科学「心のしくみ」に迫る脳研究の最前線，ブルーバックス，講談社

〈英語の文献〉

Altschuler, I. M. and Shebesta, B. H.（1941）：Music-An Aid in Management of the Psychotic Patient：Preliminary Report, *The Journal of Nervous and Mental Disease*, 94（2）, pp.179-183

Audhya, T., Adams, J. B. and Johansen, L.（2012）：Correlation of Serotonine Levels in CSF, Platelets, Plasma and Urine, *Biochimica et Biophysica Acta*, 1820（10）, pp.1496-1501

Baguley, D. M.（2003）：Hyperacusis, *Journal of the Royal Society of Medicine*, 96（12）, pp.582-585

Cannon, W. B.（1930a）：The Autonomic Nervous System, *The Lancet*, 215, pp.1109-1115

Cannon, W. B.（1930b）：Bodily Changes in Pain, Hunger, Fear, and Rage, *Endocrinology*, 14（1）, p.33

Carden, J. and Cline, T.（2019）：Absolute Pitch：Myths, Evidence and Relevance to Music Education and Performance, *Psychology of Music*, 47（6）, pp.890-901

Daylari, T. B., Riazi, G. H., Pooyan, S., Fathi, E. and Katouli, F.H.（2019）：Influence of Various Intensities of 528 Hz Sound-Wave in Production of Testosterone in Rat's Brain and Analysis of Behavioral Changes, *Genes Genomics*, 41（2）, pp.201-211

Fukuda, K., Straus, S. E., Hickie, I., Sharpe, M. C., Dobbins, J. G. and Komaroff, A.（1994）：The Chronic Fatigue Syndrome：A Comprehensive Approach to Its Definition and Study. International Chronic Fatigue Syndrome Study Group, *Annals of Internal Medicine*, 121（12）, pp.953-959

Gao, Z., Davis, C., Thomas, A. M., Economo, M. N., Abrego, A. M., Svoboda, K., De Zeeuw, C. I. and Li, N.（2018）：A Cortico-Cerebellar Loop for Motor Planning, *Nature*, 563（7729）, pp.113-116

George, E. M. and Coch, D. (2011): Music Training and Working Memory:An ERP study, *Neuropsychologia*, 49 (5), pp.1083-1094

Hsu, D. Y., Huang, L., Nordgren, L. F., Rucker, D. D. and Galinsky, A. D. (2015): The Music of Power:Perceptual and Behavioral Consequences of Powerful Music, *Social Psychological and Personality Science*, 6 (1), pp.75-83

Kanehira, R., Ito, Y., Suzuki, M. and Fujimoto, H. (2018): Enhanced Relaxation Effect of Music Therapy with VR, *2018 14th International Conference on Natural Computation, Fuzzy Systems and Knowledge Discovery*, pp.1374-1378

Kupfermann, I. (1991): Learning and Memory, Principles of Neural Science, 3rd, pp.997-1008, Elsevier

Nishiyama, H. (2014): Learning-Induced Structural Plasticity in the Cerebellum, *International Review of Neurobiology*, 117, pp.1-19

Macdonald, J. and McGurk, H. (1978): Visual Influences on Speech Perception Processes, *Percept & Psychophysiology*, 24 (3), pp.253-257

Martínez-Molina, N., Mas-Herrero, E., Rodríguez-Fornells, A., Zatorre R. J. and Marco-Pallarés, J. (2016): Neural Correlates of Specific Musical Anhedonia, *Proceedings of the National Academy of Sciences of the United States of America*, 113 (46), E7337-E7345

Maslow, A. H. (1943): A Theory of Human Motivation, *Psychological Review*, 50 (4), pp.370-396

Matsuda, M., Igarashi, H. and Itoh K. (2019): Auditory T-Complex Reveals Reduced Neural Activities in the Right Auditory Cortex in Musicians With Absolute Pitch, *Frontiers in Neuroscience*, 13 (809), pp.1-9

Omran, Y. A. and Aziz, Q. (2014): The Brain-Gut Axis in Health and Disease, *Advanced in Experimental Medicine and Biology*, 817, pp.135-153

Sakai, K., Hikosaka, O., Miyauchi, S., Takino, R., Tamada, T., Iwata, N. K. and Nielsen, M. (1999): Neural Representation of a Rhythm Depends on Its Interval Ratio, *The Journal of Neuroscience*, 19 (22), pp.10074-10081

Schultz, W., Dayan, P. and Montague, P. R. (1997): A Neural Substrate of Prediction and Reward, *Science*, 275 (5306), pp.1593-1599

Taylor, S., McKay, D., Miguel, E. C., De Mathis, M. A., Andrade, C., Sookman, D, Kwon J. S., Huh, M. J., Riemann, B. C., Cottraux, J., O'Connor, K., Hale, L. R., Abramowitz, J. S., Fontenelle, L. F. and Storch, E. A. (2014): Musical Obsessions:A Comprehensive Review of Neglected Clinical Phenomena, *Journal of Anx-*

iety Disorders, 28 (6), pp.580-589

Tomita, H., Ohbayashi, M., Nakahara, K., Hasegawa, I. and Miyashita, Y. (1999)：Top
　　-Down Signal from Prefrontal Cortex in Executive Control of Memory Retrieval,
　　Nature, 401 (6754), pp.699-703

Uchiyama, M., Jin, X., Zhang, Q., Hirai, T., Amano, A., Bashuda H. and Niimi, M.
　　(2012)：Auditory Stimulation of Opera Music Induced Prolongation of Murine Car-
　　diac Allograft Survival and Maintained Generation of Regulatory CD4$^+$CD25$^+$ Cells,
　　Journal of Cardiothoracic Surgery, 7 (26)

Welch, R. B. and Warren, D. H. (1980)：Immediate Perceptual Response to Intersen-
　　sory Discrepancy, *Psychological Bulletin*, 88 (3), pp.638-667

Williamson, V.J., Liikkanen, L.A., Jakubowski, K. and Stewart, L. (2014)：Sticky
　　tunes：How Do People React to Involuntary Musical Imagery? PLOS ONE, 9 (1),
　　e86170

Zentner, M., Grandjean, D. and Scherer, K. R. (2008)：Emotions Evoked by the
　　Sound of Music：Characterization, Classification, and Measurement, *Emotion*, 8
　　(4), pp.494-521

3 　講 演 と 対 談

　まえがきに書いたように，本章は 2019 年に開催された日本音楽表現学会年会における基調講演とそれに続く対談の原稿（『音楽表現学』Vol.17，p.83-96）をもとに編集したものである。基調講演は伊藤先生が，学会員である音楽家に対して音楽と感情の関係を中心に講演された。

　講演に続いて，伊藤先生と田中が対談を行った。音楽は脳にも身体にも作用するため，二つの分野（脳科学と生理学）の専門家が「音楽する脳と身体」について対談する機会を，日本音楽表現学会が設けていただいたことはありがたかった。司会の水戸先生（明治学院大学心理学部教授）は音楽教育学や音楽心理学をご専門とし，ピアノや音楽の記憶や演奏における創造性研究などをされている。第三の分野の専門家としてご参加いただいたことになる。司会が的確で対談がスムーズに進行した。そして対談を聴いてくださった学会員の方々が素晴らしい質問を多数してくださり，会は盛り上がった。この学会が持っているよい雰囲気にも助けられた。日頃音楽をされながら疑問に思われていることが会場で共有されディスカッションされて，誠に楽しい時間であった。ここではテキストという制約はあるが，読者のみなさまとも共有させていただきたいと考えた。なお，対談や質疑応答のなかでたがいに「さんづけ」で名前を呼んでいるのは，「上下関係を持ち込まない」というこの学会の設立当初からの方針に会員全員が賛同し従っているからである。

　講演と対談の様子を**図 3.1** に示す（上段左から，講演中の伊藤，対談司会の水戸，対談中の田中と伊藤。下段は講演・対談会場の様子）。

図 3.1 愛知教育大学で開催された日本音楽表現学会 2019 年大会の講演会と対談の様子

講演：音楽と感情の狭間

演者：伊藤康宏

（a） 感情の一因としての音の存在

　音と感情のつながりの起源はおそらく生命の発生にまで遡る。海で発生した生命は，光だけでなく水中を伝わる縦波（音），すなわち外界の圧倒的な変異に身を委ね，生死を委ねるしかなかった。幸い，発生したばかりの生命は単細胞であり，大きなエネルギーを直接受けるほどの体表面積はなかった。しかし，単細胞生物でも移動のために必要なアクチンとミオシンという二つのタンパクを持っている。このタンパクだけによる移動は遅く，外界の変化から素早く逃れるための積極的な行為を司る運動器を発達させる必要があった。

　さて，海で発生した生命体であるが，浅い海は大気の影響を著しく受けやすい。波やうねり，雨，風などが生命体を破壊しかねない。そこで，圧力の変化や振動を感じる受容器を必要とした。外力による細胞の表面の変形が細胞表面の分子の構造変化になり，微小な電位を発生させた。これはうねりや潮の満ち引き，引力などを感じさせる低周波のものだけでなく，波の砕ける危険なキャビテーションの高周波振動も感知できなければならなかった。このように数

Hz 〜 数 10 kHz の広い領域の周波数を感じるためには，低周波による振動圧受容器と高周波の振動受容器の両方が必要である。

　太陽からの電磁波と違って，振動の発生源は生活環境内である。したがって，その距離も角度も認識できなければならなかった。すべてを認識し判断するための多くの情報を処理するためには，非常に多くの認識器官すなわち脳が必要になった。例えば，危急な音と判断した瞬間に逃げる必要を感じなければならないためである。

　振動を知覚する機能すなわち聴覚を発達させる必要性から，聴覚に関する脳の構造が大きくなった。細胞壁を獲得した植物細胞は動物細胞より強く，聴覚を発達させる必要がなかったのかもしれない。ちなみに，圧や振動の受容器はヒトでは聴覚，皮膚以外にも，筋肉や骨，関節，血管などきわめて多くの場所にある（小澤・福田 2014）。このように聴覚の受容器は生きるために発生したものであり，危険を検知するために発達したものである。

　危険を感じさせる外力に抗する力を**応力**（stress）という（Selye 1950）。応力はその力の限界内であれば通常は**フックの法則**（Hooke' low）に従い，外力が取り去られれば元の状態に戻すことができる力（復元力という）である。現代社会では，応力の限界を超えた外力を受けることがしばしばあるが，この状態が続くと元に戻れなくなる。これを復元限界を超えるといい，長く続くと脳も末梢も疲弊してしまう。人体に当てはめれば，外力が個人の持つ応力の復元限界を超えた部位（例えば精神）が障害されることを意味し，そのままでは生命の危機につながりかねない。しかしながら，さまざまな外力を検知，認識するための脳は外力に対して高い追随性を備えるに至った。これにより外界への柔軟な適応力を獲得し，危険ではない音に異なる感受性を見出し始めたと考えられる。

（b）　ストレスの感じ方

　必要であるからという意志（意識）が最終的に統合制御を行う脳（物）を構成したことは想像に難くない。例えば，全身の受容器の統合を行い，判断し，

全身の運動器をコントロールするまでに発達した脳であるが，音楽をするような速い伝達は，中枢神経である脊髄を介して末梢神経が担う。

どんなに音楽をする中枢を発達させようが，どんなに感情を込めようが，末梢神経が障害されていればそれは伝わりにくくなる。すると，運動器からのフィードバックが少なくなり，音楽をする中枢は衰えてくる（小泉 2008）。これをリハビリテーションによるトレーニングである程度回復することができる。つまり，意志が脳を作り上げることができるのである。

さて，ストレスへの生体の応答は，外界（あるいは内側から）の刺激に対して，まず，緊張−不安，怒り−敵意を**感情**（emotions）として発生させる。これはストレス応答により生きる機会を増やすためである（Selye 1950）。さらに嬉しいときも楽しいときも体はこれをストレスだと感じているのである。高齢の方には認識しにくいかもしれないが，現代の若者は気分が高まることを**テンション**（tension，緊張）が上がるという。これは言葉としては正しくないと思われるけれども，生体の反応とはよく相関する。

余談だが，アメリカと日本の比較研究の結果では，アメリカ人は「気分がよい = 覚醒感が高い」，日本人は「気分がよい = 眠い」という報告がある（Clobert et al. 2019）。しかしわれわれの研究データは，日本人も気分のよい人では喜びを感じやすく覚醒感が高い傾向を示している（加藤ほか 2016）。従来の比較データは災害や戦争中，病気あるいは睡眠不足などから生じたのではないかと思われる。要するに，敵が来ない → 気分がよい → 眠い，である。ストレス応答の構造は生きるための脳幹にあって，感情は脳幹で発生して，それを言葉にするのは高次脳機能である大脳皮質による二次的なものである（Delgado 1986，ザポロージェツ 1956）。

ここでストレスの意味を紹介する。ストレスとは応力，すなわち，外力に抗する生体の応答や反応のことである。H. Selye が物体の応力をヒトに応用したものである。したがって，外力が人を笑わそうとする力であれば，笑うという行為はその外力への反応であることから，ストレスに対する生体の応答はポジティブもネガティブもほとんど同じなのである（Selye 1950）。

受容器からの入力（求心性の感覚のこと），例えば，明かりがともれば，ロドプシンが分解して過分極電流が発生し，視神経はこれを興奮性シナプス後電位として一次視覚野に伝導，伝達する。この間に脳幹を通過した活動電位はある感情を発生させる。それが「ほっと」感じるものなのか「まぶしい」と感じるものなのか「白い」と感じるものなのか「びっくり」と感じるものなのかは，そのときの自身の置かれた状況によって変わってくる。

外力はただ単に明かりがともっただけのことである。臨床検査項目のなかに**視覚誘発電位**（visual evoked potential，VEP）がある。視覚誘発電位とは，視覚刺激を与えることで大脳皮質視覚野に生じる電位を頭皮上から測定する検査で，視神経から中枢神経視覚野までの病変の鑑別などを目的とする。臨床的には視神経障害や下垂体腫瘍，脳梗塞，パーキンソン病などが検査の対象になる。フラッシュ光を用いると個人差が大きく出るが，パターンリバーサル刺激を用いたときには個人差が少ない。フラッシュ光によりなにを感じるかで脳幹の伝導が異なるということを意味する（東條・川良 2017）。

（c）　音の脳内伝導時間

音の話に戻る。ヒトの**可聴音**（audible sound）は 20 Hz ～ 20 kHz といわれている。先に述べたように海のうねりの音から波が砕けたときに生じるキャビテーションは浸食作用を伴うほどエネルギーが大きく，初期の生命体にとっては危険なものであった。その周波数は，数 10 Hz ～ 数 10 kHz（いわゆる超音波の領域）に及ぶ。聴覚はこの周波数を捉えるために発生し，発達したものと推測できる。

ヒトの場合，膜迷路の**蝸牛管**（cochlear duct）が 2 回転半するなかに聴覚の受容器であるコルチ器官がある。入り口付近が 20 kHz で最も奥が 20 Hz を捉える。膜迷路のなかは内リンパ液で満たされていて，音の伝播速度はおよそ 1 520 m/秒である。したがって，入り口付近と最深部とで空間的な時間差はきわめて少ない。

しかしながら，蝸牛管の長さは 3 cm ほどあり，入り口から奥までの音の伝

播時間はおよそ 20 マイクロ秒である。これが速いか遅いかというと，空気で満たされていたとすればおよそ 85 マイクロ秒かかるためその 1/4 の時間になる。液体で満たされていることが必要な理由はここにある。

ちなみに，ヒトの場合，音が大脳皮質の聴覚野に達するまでにおよそ 9.2 ミリ秒かかる。つまり，音が耳から入力されて前庭窓を振動させたのち卵円窓から排出され，その間に**コルチ器**（organ of corti）の有毛細胞で発生した信号は，内リンパを通過したときから約 500 倍の時間を要して音と判断される。音の物理刺激により聴神経が興奮してからでも約 100 倍の時間を要する（小澤・福田 2014）。

聴性脳幹反応（auditory brainstem response）により，音刺激があってから聴神経の電位が発生するまでに約 1.9 ミリ秒，延髄を通過するのに約 3.0 ミリ秒，中脳までに約 5.9 ミリ秒，小脳テントまでが約 7.6 ミリ秒，視床から大脳皮質聴覚野が興奮するまでに約 9.2 ミリ秒かかることがわかる（東條・川良 2017）。ヒトの音刺激による反応時間の理論値は約 80 ミリ秒程度なため，音を認識するのに 8 ミリ秒，動作を開始するまでに 10 倍の時間が必要だということになる。

ところで，突然大きな音によって筋収縮が発生するのに要する時間は前述より短い。これは筋収縮が多シナプス反射により，不随意に起こるためである。一方，反応とは音が聞こえたと判断して自ら動作をすることなため，80 〜 130 ミリ秒にもなる。ちなみに，陸上競技で号砲から 110 ミリ秒以内に動くとフライングと判定される。

聴性脳幹反応の伝導路から理解されるように，聴神経からの興奮電位は皮質に達するより前にシナプスを介して視床下部室傍核に達し，おそらく，聴覚の発生と同時くらいに感情を発生させる。演奏会を聴きに行ったとき，特別な音響に気持ちより先にゾクッと鳥肌が立つ思いをし，実際に鳥肌が立つのには 1 〜 2 秒くらいかかるのである（小澤・福田 2014）。

（d） 不安をかきたてる音

　古代社会には人間の活動音がほとんどなかった。大気中に音はきわめて少なかった。現代は，朝，起きて窓を開けると人間の活動音であるホワイトノイズ様の音に満ちていることに気づく。この音は，夜，睡眠ステージ N2 まで眠りの深度が進むまで聞こえ続ける。REM 睡眠期に見る夢の内容には外音の影響が多々見られる。

　睡眠のステージは脳波によって分類されている。国際分類としての新分類法によれば，睡眠のステージは覚醒，睡眠ステージ N1（軽睡眠期），睡眠ステージ N2，睡眠ステージ N3（深睡眠期），ステージ REM（レム睡眠期）に分けられている。睡眠ステージ N2 は全睡眠のステージ中最も頻度が高いだけでなく，外部音に反応して K 複合波が出現するため，この睡眠のステージでは音が聞こえていることが理解される。ただし，音が聞こえたことは意識には上っていない。

　現代でも，スカンジナビアやアンデスの音のない静けさを体験すると，その後のわずかな時間だけではあるが社会の騒音が気になる。しかし，なにもない静寂は一時の落ち着きを与えはするが，人間の生活音が聞こえないことが不安を感じさせる。同朋がいないことへの恐怖，だれもいないことに生命の危機を感じるのだ。はるか遠くの川のせせらぎが間近に聞こえ，遠くで小鳥が「チッ」と鳴く声，そして，すぐ近くでなにかが動く音がする。近くの音は，身の危険を感じさせ恐怖心が湧く。音の発生源が敵であるのならばそこから逃げられる距離なのかという，その恐怖心がストレッサーとなり，ただちに視床下部−下垂体系が応答し，戦うか逃げるか（闘争逃走反応）の態勢を取る（Cannon 1930）。音がないこと，音があることはどちらも生命の危機を感じさせるのだ。

　大規模な病院では，ロビーなどでは 1 日中小さな音で BGM を流していることが多い。その理由は，不安を少しでもかきたてさせないためである。また，手術室では執刀医が音楽を選ぶことがある。その場合，クラシックよりアップテンポの音楽のほうが集中できるようである。もちろん，音楽を流すことを好まない人もいる。

音楽はもともと自分たち同朋の存在を知らせしめるために発生したのではないか。その頃の世界には自然界の音を除いてほぼ音がなかったのだから。一方で，どこか遠いところから知らぬ音楽が聞こえてきたときは恐怖を覚えただろう。自分たちを滅ぼす敵を感じたかもしれない。その経験から，おそらく人々はそれを応用し見知らぬ相手を威嚇するためにも用いたのであろう。

　ギリシャ神話には，音楽の競技にまつわる話がある。芸術の神アテーナーはアウロスという笛をつくり，拾った者に災いが降りかかるようにアウロスに呪いをかけて投げ捨てた。あるとき半人半獣のニムフ（サチュロス）のマルシュアスは，このアウロスを見つけた。マルシュアスは持ち前の器用さから，この笛の名手になり，仲間のサチュロスやニムフたちに喝采をあびるまでになった。

　そこで，「自分は世界で一番の音楽家で，自分の笛はアポローンの竪琴より素晴らしい！」というようになった。それを伝え聞いた詩歌や音楽など，芸能と芸術の神でもあるアポローンは激怒し，「勝者は敗者になにをしても構わない」というルールを取り決め，マルシュアスと音楽の勝負をした。

　この勝負は神側の審判がついたためアポローンの圧倒的な勝利に終わり，アポローンは，ルールに則りマルシュアスに残酷な刑に処した。アポローンは無表情のまま生きながらにしてマルシュアスの皮を剥がしたのだった。放置されたマルシュアスはそのまま絶命した（Siculus 2006, Oldfather 1935）。

　これはなにを風刺しているのか？　もちろん，戦争であり，征服である。民族音楽学者の小泉文夫は「私たちが音楽的だと考えていることが，ほんとうは人間の不幸の始まりかもしれない」と述べている。小規模な狩猟採集民は声をそろえて唄うことが少なく，他民族との抗争や巨大な獲物を狙うなど結束した行動が必要な民族は，日頃から歌や踊りで拍子を合わせる練習をしている。

　大国に発展するような民族は，権威や規則で生活が「がんじがらめ」の社会を作り上げ，その中で初めて「複雑」で「個性的」な音楽が誕生した（小泉2005）。例えば，複雑な楽器の発明であり，個性的な演奏を伝えるための楽譜の発明である。

　古代において人の寿命はきわめて短かった。縄文人の平均寿命が15歳など

という報告もある。平均寿命なため，幼少の頃に死亡した例が多かったと推定されるが，死因には被征服もあったはずである。死は生きている人にとって不幸である。前インカ～インカ時代のケチュア人のように，死者と生者が一緒に暮らすという概念を持つ民族もいたが例外である。

　不幸が先か音楽が先かはわからないが，初めは伝承によった音楽は，先の複雑性と個性によって徐々に「統制」されることになる。世界を征服したヨーロッパ人によりもたらされた西洋式楽譜と音符がこれに重要な役割を演じ，民族の本来の音楽は「特殊な（special），民族的（folk），古代の（ancient）」などの接頭語で修飾されるようになった。

（e） 統制に利用された音楽

　多くの古代社会で音楽は呪術，死者の弔い，時代が進めば宗教に取り入れられ，キリスト教の賛美歌や典礼，イスラム教のコーラン，ヒンドゥー教のバジャン（bhajan），仏教のお経になった。興味あることに，グレゴリオ聖歌，般若心経，コーランなどの宗教音楽は類似した速度で奏でられ，その多くは $60 \sim 80$ BPM（ビート/分）程度であり心地よく感じられる。一般にアゴーギク（テンポやリズムを変化させること）を持たないため神聖で落ち着いた雰囲気を醸し出す。その類似性のため，まったく異なる二つを同時に聴いたとき違和感が少ないことに驚きを禁じ得ない。これが人間の魂の速度なのかもしれない。

　日本では平安時代に踊り念仏なるものが流行った。高い舞台の上で男女が唄いながら踊るのである。盆踊りは祖先の霊をもてなす神聖な踊りであるが，娯楽としても定着していった。各地で独特の音楽がつくられただけでなく，娯楽の少なかった時代にあって男女の出会いの場を提供した。いうまでもなく男女の出会いは将来の家族の構築につながる。出会いは人を元気にするが同時に勇気を持たせる。人間にとって勇気とは守るべきものがあって敵と対峙するときに湧いてくる力である。守るべきものは自分の命であり，地位であり，家族であり，慣習であり，民族であり，国家である。その対局は恐怖であり，打ちひ

しがれれば憂うつになる。このような音楽の歴史と人々の記憶や好みから，音楽には勇気や元気を高める効果も定着したが，憂うつや恐怖を呼び起こす効果もまた定着した。

　人々の記憶に組織だった多くの音楽は憂うつであったに違いない。もしかすると現代でも。しかしながら，敵を打ち破る勇気を抱かせるために国歌となり現代へ続くものも多い。フランスの国歌はフランス革命の歌「ラ・マルセイエーズ」であるし，アメリカ合衆国の国歌は「マクヘンリー砦の防衛」の詩を当時の流行歌である「天国のアナクレオンへ」の曲で歌った替え歌である。

　ラ・マルセイエーズの歌詞はご存じの方も多いと思うが，つぎのように訳される（世界の民謡・童謡）。

> いざ祖国の子らよ！／栄光の日は来たれり／暴君の血染めの旗が翻る／戦場に響き渡る獰猛な兵等の怒号／我等が妻子らの命を奪わんと迫り来たれり／武器を取るのだ，我が市民よ！／隊列を整えよ！／進め！進め！／敵の不浄なる血で耕地を染めあげよ！

（f）　記 憶 と 音 楽

　日本では，明治時代に多く取り入れられた**西洋音階**（western scales）が定着しているが，この音階は自然発生したものではなく計算されてつくられたものである。いわば一つの言語である。音楽家はその言語を体現している。おそらく音楽家は**ウェルニッケ野**（Wernicke's area），**ブローカー野**（Broca's area）およびそのほかの言語中枢が音楽語に特化しているのであろう。

　ところで，チンパンジーは**手話**（body language）でヒトと話せる。チンパンジーの Washoe は 1966 年，赤ちゃんのときに保護され，手話を覚えた。Washoe を研究していた Kat は妊娠しており，Washoe は赤ちゃんについて質問するのが好きだった。しかし，Kat は流産してしまった。そのことを Washoe に伝えたところ，「泣く」と手話で伝えた。Washoe は生まれたばかりの子供と幼い子供を亡くした経験があったのだ。これはヒト以外の動物が共感する

ことを「言葉」で示した証拠となった（Donovan and Anderson 2006, Van Lawick-Goodall 1973）。

チンパンジーを含むヒト族（Hominini）には共感する感情が存在することをWashoe の行為が示したが，それよりさらに下等なマカクザルの行為から共感するときに活動するミラーニューロンが見出されている（di Pellegrino et al. 1992）。この共感は他者と同じ行為をするというレベルであり，喜びや悲しみを共有できるかはわからない。しかしながら，この共感する能力が言語を獲得するチャンスになったことは想像に難くない。幼児が言葉を覚える過程が共感能力の重要性を推測させる（Bates et al. 1989）。チンパンジーと共通の祖先から進化したと推測されている現生人類は大脳が大きく発達したが，それには言語を獲得したことも大きな要因であったと考えられている。ヒトは言語を発する方法を手に入れた。気持ちを伝えるために，言葉だけでなく，歌を歌うこともできるようになった。

西洋音階はその周波数が指数関数的増加を示すが，音階「ドレミファソラシド」は片対数的であり，Weber–Fechner の心理物理の法則に従う（Yost 2000, **図 3.2**）。ただし，高強度の音ではずれを生じる（Jesteadt et al. 1977）。一方，西洋音階からかけ離れた音階に触れると初めは違和感や気持ち悪さを感じることがあるが，次第に受け入れられ心地よくなるものである。これを**順応**（adap-

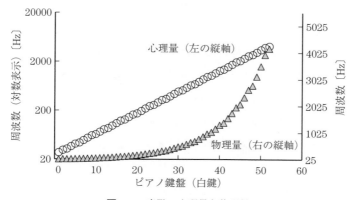

図 3.2 音階の心理量と物理量

tation）という。順応は感覚の受容器で起こるが，音楽リズムでは小脳を含む感覚野や運動野，入力された情報記憶からの繰り返し出力によるフィードバックなどでも生じる（小澤・福田 2014，伊藤 2017，伊藤・近藤 2010）。

　好きな音楽はその人の育ってきた環境や生き様を表すことが多い。初めて聴いた曲が心に染み渡るのもその新たなフレーズに対してではなく，こうした成長の過程で培われ育まれた「記憶」の一つであると考えられている（小泉 2008，Hasegawa et al. 1999，Tomita et al. 1999）。

（g）　ストレスへの応答

　さて，ここまででおわかりかと思うが，音はあってもなくてもストレスになる。H. Selye は喜怒哀楽のどれもが身体のストレスメカニズムをある程度活性化するのに十分であると論じている（Selye 1950）。根拠は単純である。嬉しくてテンション（tension ではなく，てんしょん）が上がれば HPA 軸はテンションに応じた反応をし，怒れば HPA 軸は強く反応し，悲しければ HPA 軸が悲しみの強さだけ反応し，楽しければ HPA 軸が心地よく反応する。

　つまり，生体は覚醒時であれば，落ち着いた「無念無想仰臥空腹時」以外の状態でストレス反応を励起する。無念無想仰臥空腹時というのは基礎代謝を測定するときの測定法として教科書にも記載されているもので，基本的には，朝空腹で消化管が動いていず（空腹），なにも考えず（無念無想），仰臥位でベッド上に横たわって安静状態になっている（仰臥）状態のことである。朝目覚めてから，夜眠るまでの状態がつねにストレスであり続けることが生きている証であり，それがまさにエネルギー代謝率が**基礎代謝率**（basal metabolic rate，BMR）以上になるためのパワーの発生源となる。そのエネルギー源はグルコースであり，ストレス反応の理論の源は糖新生である。したがって，HPA 軸の末梢側の臓器は副腎であり，中枢側の構造は視床下部とその周囲である。

　感情が高ぶると涙が出たり，泣いたりする。これは，交感神経系の緊張を副交感神経系が働いて封じ込めてしまおうとする反応である。これが強く生じる

とシャットダウン反応（freeze response，凍りつき反応）となって，敵に対して従順な態度を取って懐柔したり，失神したり，死んだようになることがあるが，これは身を守る手段である。なんらかのトラウマによりシャットダウン状態が起こるのはその状態への正常な反応である。そうなった相手に対し，肉食獣であれば本来死肉は食べないし，人間も死者をそれ以上殺そうとはしないからである。

交感神経の緊張は通常であれば副交感神経の抑制により機能を発揮する。しかし，交感神経が興奮しすぎると死に至ることもある。よくいう「必死」という状態である。そのとき精神状態を消去するほどの副交感神経の強い緊張が起きる。そしてこの状況から解放された後に，逃げられなかった，闘えなかった，懐柔されてしまったなどの後悔により精神的外傷（トラウマ）を生じることが多いことはよく知られている（小澤ほか 2017）。

自律神経系は交感神経と副交感神経のバランス（拮抗状態という）の上に成り立っている。音楽を選択する場合，そのときの自分の気持ちに寄り添うような種類を選ぶことが多く（同質の理論），音楽を用いた多くの研究論文から穿刺や手術のように痛みや恐怖感を伴う施術に際してピアノ楽曲を聴取すると，緊張していた交感神経活動が適度な状態に抑制される。逆に，気分状態が低迷している状態であっても好みの音楽を聴取させることによりしっかりとした覚醒状態になる（McFarland 1985）。

第2次大戦中に特攻隊員が，攻撃機のなかで「ふるさとを歌っていました」と語られていたのをかつて見たことがあるが，特攻隊員も同じ反応を生じていたのだと思えば納得もいく。もしかすると軍歌のような嫌な音楽にさえ，高揚効果ではなく逆に，それを歌うことで恐怖に押しつぶされるまでに緊張しきった交感神経を抑制する効果があったのかもしれない。高木東六氏は「演歌はいけません」とつねづねいわれていた。彼の作曲した軍歌は長調の明るいメロディであったが，これも交感神経抑制に有利に働いたのかもしれない。

（ h ）　人間の欲求から生まれた音楽

　音楽する脳と身体は別々に働いているわけではない。両者は神経線維でつな
がっている。感情も両者の相互作用から，あるいは一体化した個体から生まれ
ると考えるのが自然だろう。

　動物がなにかをしたいと思うのは，母性を含めて反射の連続で起こるものと
考えられることが多い。多種多様な反射の多くはいわゆる旧脳で生じている。
旧脳とは脳幹の部分と間脳，そして大脳の一番内側の大脳辺縁系を含んだ部分
をいう。外側の部分と小脳は新しい脳である。脳は旧脳から外側に向かって進
化してきたと考えられている。音楽をしたいのはヒトに備わった欲求の一つで
あろう。ヒトが仲間との連絡のために発声を手に入れたのも，そのような欲求
の遺伝子を持っていたためと推測される。それゆえ最初の音楽は唄であり，つ
ぎに唄のリズムができたのだと思われる。

　唄うことが発声の発達に寄与したのだろう。人よりうまく唄いたいという欲求
が生じ，それまでの単調な音階による表現では足りず，より注目される音階を欲
することでそれを表現できる広範な音域の発声が可能になったと考えられる。
欲求の中枢は旧脳の働きだが，それを人間特有の気持ちや行為に押し上げるの
は新脳の働きであり，欲求がまたその新脳を発達させたことは想像に難くない。

　ヒト以外の動物では言語野は確認されておらず，感情を言語化することがで
きない。これは音楽を生み出す能力を持たないことを意味している。ヒトが言
葉を話すときや歌を歌うときには，発声音と音量を増加させるのは体性運動野
であり，運動性言語野であり，感覚性運動野であるが（伊藤・近藤 2010），そ
れだけでは足りない。これらの部位が密に連絡しあい，音楽に必要な脳内ネッ
トワークが生まれたと考えられている（Belin and Zatorre 2000）。

　以上で私の話を終わる。現代の知見だけでは音楽と感情の究極の真理の解析
はいまだ困難ではあるが，音楽をするときには，少なくとも，感じることも動
くこともすべてが中枢から末梢にまでつながった 1 連のユニットだ，くらいに
大きく考えていただければよいと思う。今後の音楽と脳と感情の研究の発展に
期待したい。

引用・参考文献

〈日本語の文献〉

伊藤宏司（2017）：運動制御とネットワーク，計測と制御，56（3），pp.161-162

伊藤宏司，近藤敏之 編著（2010）：シリーズ移動知 第3巻 環境適応 — 内部表現と予測のメカニズム — ，オーム社

小澤幸世，後藤和史，福井義一，上田英一郎，田辺 肇（2017）：感覚性の皮膚症状と解離・被虐待歴との関連，感情心理学研究，24（1），pp.42-49

小澤瀞司・福田康一郎 監修（2014）：標準生理学 第8版，医学書院

加藤みわ子，中島佳緒里，伊藤康宏，清水遵（2016）：不安になりやすい性格傾向とストレスが味感覚におよぼす影響，心身医学，56（12），p.1251

小泉英明 編著（2008）：恋う・癒す・究める 脳科学と芸術，工作舎

小泉文夫（2005）：音楽の根源にあるもの，平凡社

A.B.ザポロージェツ 著，民科心理部会 訳（1956）：児童心理学，理論社

世界の民謡・童謡，http://www.worldfolksong.com/index.html

東條尚子，川良徳弘 編著（2017）：最新臨床検査学講座 生理機能検査学，医歯薬出版

〈英語の文献〉

di Pellegrino, G., Fadiga, L., Fogassi, L., Gallese, V. and Rizzolatti, G.（1992）：Understanding Motor Events：A Neurophysiological Study, *Experimental Brain Research*, 91（1）, pp.176-180

Bates, E., Thal, D., Whitesell, K., Fenson, L. and Oakes, L.（1989）：Integrating Language and Gesture in Infancy, *Developmental Psychology*, 25（6）, pp.1004-1019

Belin, P. and Zatorre, R. J.（2000）：'What', 'Where' and 'How' in Auditory Cortex, *Nature Neuroscience*, 3, pp.965-966

Cannon, W. B.（1930）：Bodily Changes in Pain, Hunger, Fear, and Rage, *Endocrinology*, 14（1）, p.33

Clobert, M., Sims, T. L., Yoo, J., Miyamoto, Y., Markus, H. R., Karasawa, M. and Levine, C. S.（2019）：Feeling Excited or Taking a Bath：Do Distinct Pathways Underlie the Positive Affect-Health Link in the U.S. and Japan?, *Emotion*, 20（2）, pp. 164-178

Delgado, J. M.（1986）：New York：Harper and Row, Physical Control of the Mind, To-
　　　ward a Psychocivilized Society

Donovan, J. M. and Anderson, H. E.（2006）：Anthropology & Law, Berghahn Books

Hasegawa, I., Hayashi, T. and Miyashita., Y.（1999）：Memory Retrieval under the
　　　Control of the Prefrontal Cortex, *Annals of Medicine*, 31（6）, pp. 380-387

Jesteadt, W., Wier, C. C. and Green, D. M.（1977）：Intensity Discrimination as a
　　　Function of Frequency and Sensation Level, *The Journal of the Acoustical Soci-
　　　ety of America*, 61（1）, p. 169

McFarland, R. A.（1985）：Relationship of Skin Temperature Changes to the Emotions
　　　Accompanying Music, *Biofeedback and Self-Regulation*, 10（3）, pp. 255-267

Oldfather C. H.（1935）：Diodorus Siculus, Library of History 5, 75, 3, William Heine-
　　　mann Ltd

Selye, H.（1950）：Stress and the General Adaptation Syndrome, *British Medical
　　　Journal*, 1（4667）, pp. 1383-1392

Siculus, D.（2006）：Diodorus Siculus, Books 11-12.37. 1：Greek History, 480-431
　　　B.C.—the Alternative Version, University of Texas Press

Tomita, H., Ohbayashi, M., Nakahara, K., Hasegawa, I. and Miyashita, Y.（1999）：Top
　　　-Down Signal from Prefrontal Cortex in Executive Control of Memory Retrieval,
　　　Nature, 401（6754）, pp. 699-703

Van Lawick-Goodall, J.（1973）：The Behavior of Chimpanzees in Their Natural Habi-
　　　tat, *The American journal of psychiatry*, 130（1）, pp. 1-12

Yost, W.（2000）：Fundamentals of Hearing：An Introduction, 4th, Academic Press

---

対談：音楽する脳と身体

話者：田中昌司・伊藤康宏，司会：水戸博道

（ i ） 音　　　　　楽

水戸博道（以下，水戸）　本日司会を務めさせていただく水戸と申します。まず，対談からご登壇いただきます田中昌司さんをご紹介したいと思います。近年，いろいろな機器の発達により脳科学は格段に進歩しましたが，音楽に焦点をあてた研究を行う脳科学者は必ずしも多くありません。その中で田中さんは，わ

れわれの日々の音楽実践，音楽研究に直接つながるような興味深い研究を数多く発表されております。本日，対談者にお迎えすることができ，とても嬉しく思います。どうぞよろしくお願いいたします。

伊藤さんには本当に興味深いご講演をありがとうございました。さまざまなお話しをしていただきましたので，私の能力でご講演とこの対談とをうまくかみ合わせていくことができるか不安ですが，チャレンジングな対談にしたいと思います。よろしくお願いいたします。

伊藤さんには，基調講演で生物の起源がどのように音楽につながっていくのかということから，人間はどうして音楽をやるのかということまで，根源的で興味深いお話しをしていただきました。

まず，最初に田中さんに，こうした広いところからお聞きしたいと思います。音楽心理学ではよく，「音楽を使う（use music）」という表現をします。つまり，なにかのために音楽を使うという考え方で，音楽を機能的に捉え，音楽活動を芸術活動よりは広く捉えています。このように，音楽を根源的にまた広い視点から捉えていくことについて，先生のご専門からお話ししていただけますでしょうか。いまどのようなことがわかっていて，どういう方向にこれから研究が進んでいくかについてお話しいただけますでしょうか。

田中昌司（以下，田中）　気がついたら音楽があったというのが正直なところなので，伊藤さんのように音楽の起源から考えるというような壮大な視点で考えることは普段ありません。私の場合はアプローチが脳科学なので，体の一部である脳が音楽を聴いてどう反応するのかということと，演奏する音楽家の方がご自身の脳をどう使って音楽をしていらっしゃるのかということをおもに研究しています。私は日常生活で音楽を聴いてとても嬉しいし感動しますので，本当に素朴な疑問として，どうして音が音楽になると人の感情を揺さぶるのかを知りたいと思っています。

最近は脳科学の計測技術の進歩に助けられて，いろんなデータを取ることができるようになってきました。音楽を研究テーマにしている脳科学者が少ないという状況は，技術的な制約もあって，やりたくてもできなかったということ

が第一の理由だと思います。もう一つは音楽は芸術なので，芸術の領域にわれわれが踏み込んでいいのだろうかと，そういう遠慮のようなものを長い間持っていました。とても崇高な芸術の世界に数値化していくようなわれわれの手法を持ち込んでしまってよいのだろうかという，そういう気持ちがあって，自分自身にブレーキをかけてきたことが確かにありました。

でも，技術が進歩して時代も成熟してきて，多くの方が脳のことも知りたいと思ってくださるようになり，われわれももちろん本当は知りたかったので，いまそういう時期ではないかと思い，そのような研究を始めました。

私自身の研究発表は明日させていただきますが，脳波を使いまして声楽の方を対象にアリアをうたっていただいたときの脳活動はどうなのか，聴いているときにどう反応するかということをおもに調べていて，脳のどこを使って感情表現をされているのかということも知りたいと思っています。

今日の伊藤さんのお話は，生命の誕生から始まってどうなっていくのだろうと，新鮮な刺激を受けました。徐々に音楽の起源につながっていってよかったと思いながら聞かせていただきました。それでも私が十分に理解できていないことがあるので，この機会に質問させていただくことから入りたいと思います。

音楽のストレスとの関係でご説明されたところで，セロトニンが分泌されるというところでおっしゃったことが，体温がいったん上昇したものを下げるという働きなのでしょうか，セロトニンは。その反応としてセロトニンの濃度が増えるというご説明でしたでしょうか。そうしますと，音楽と結びつけると音楽はストレス反応の一種ということになりますでしょうか。

伊藤康宏（以下，伊藤）　そこのところはどうお答えしたらいいかまだわからないのですが，セリエがいっていたことをそのまま踏襲するとすれば，「音楽を聴いて感動した，嬉しい」というようなのはストレスですよね。

田　中　よいストレスですよね。

伊　藤　そうですね，よいストレスといえます。ストレスには「正のストレス」と「負のストレス」という言い方がこの十数年流行っていて，音楽とか軽い運動というのは，正のストレスになるといわれています。セロトニンのことです

が，これはどこから出てくるのかというと，音楽を聴いたときにおそらく，脳内の感覚性言語野などが反応してドーパミン・ニューロンとか縫線核を介してセロトニン・ニューロンが活性化したものが，同程度のレベルかはわかりませんが，迷走神経を介して腸に達し，直接あるいは腸のペースメーカーになるアウエルバッハ神経叢を介して腸を刺激します。そうすると血液中に出てくるセロトニンは基本的に腸から分泌されたものですが，このセロトニンはオータコイド（autacoid，ホルモン様物質）として作用します。腸から分泌された物質が末梢血管をコントロールする。場所によっては収縮させ，場所によっては拡張させようということをするので，音楽を聴くことによって体温を変化させる傾向が見られる。どうやら皮膚表面血管を収縮させることがあり，それで体温を上昇させる働きもあるのではないかと思ってます。

田　中　腸のセロトニンの濃度は，脳内のセロトニンの濃度とかなり変化が一致しているのですか？　腸で増えていれば脳のなかでも増えていると考えてよろしいでしょうか？

伊　藤　そこは難しいところですね。脳内セロトニンの測定は基本的にはできないので，脳脊髄液を採取する方法により，大うつ病の患者さんのものを採取し，それを測定したという論文が3本ほどあるのですが，ヒトではほとんどありません。外挿による推測しかないのですが，マイクロダイアライシスという方法を使って動物を用いた比較は可能で，それによると，比較的パラレルに変化しているということがわかり，脳腸相関物質という言葉がよく使われるようになりました。

田　中　音楽を聴くと心地よい感情が湧いてくるということがあると思いますが，セロトニンとはやはり関係がありますか？

伊　藤　動物実験のいろいろな人の論文を読んでいますと，やはり心地よい感情の基本はドーパミンなのです。ドーパミン・ニューロンを活性化した状態を維持するという役割をセロトニン・ニューロンがしているのではないか。どういうことか説明しますと，セロトニン・ニューロンは明確なシナプスを形成しないものですから，シナプスを形成していれば明らかなのですが，細かいとこ

ろがあまりよくわからないのです。昨年出された論文では，ねずみに音楽を聴かせて，音楽を聴きながらうっとりしているねずみの首を切断し脳を取りだし，ドーパミンの代謝酵素を測ると活性化されており，ドーパミン前駆体も増加していたことから，ドーパミン・ニューロンが活性化すればセロトニン・ニューロンも活性化するのだということが根拠の一つになっているのだと思います。

（ii） 感　　　情

水　戸　医学的にしてもそうですし，心理学的にしてもそうですが，研究として成り立つことを明らかにしようとすると，非常に細かいところに入っていかなくてはなりません。つまり，因果関係が明確にわからないと，アカデミックな知見が生まれたとはいえないという考え方があります。

　一方で，音楽に携わっており，実践的な研究をしている人は，もっと広くさまざまな例に目を向け，なかなか一対一の因果関係がわからないところでいろんな考えを述べます。どちらかというと私はそちらのほうに入ってくるのかもしれないのですが，ちょうど感情の話になったので，この点に関して，お二人に医学的，脳科学的な見地からお聞きしたいと思います。

　昔は心理学のなかでも感情はなかなか明らかにすることができないアンタッチャブルな領域と考えられていましたが，田中さんのご研究では，感情を中心に置いておられます。まず，感情というものを研究するときに，感情が起きた起きないというように，いわゆる白か黒かという見方ではなく，どのような感情が起きたのかといった，感情の質的な側面を生理学的，または脳科学的に説明することが可能なのかどうかをお二人にお伺いしたいと思います。われわれは感情と一括りにいっても，いろいろな感情を問題にしていて，感情反応が起きたときの中身を質的に捉えるのですが，その辺が，医学，脳科学ではどのように捉えられているのか，また，こうした点についてどのような可能性が今後の研究にあるのかについて，お聞きしたいと思います。

田　中　感情は確かに捉えにくいですよね。言語とか視覚，聴覚というのは，

脳科学では最近明確な区別が怪しくなってきたとはいうものの，それぞれ，「聴覚野」「視覚野」「言語野」など名前がついています。「運動野」もありますね。しかし「感情野」ってないんです。それから考えても，脳科学者が感情を司る脳のシステムあるいはメカニズムを特定できていないかもしれない，というところが捉えにくさの一つです。

それで最近私は，脳波を計測して感情に関する脳活動を読み取ろうとしています。セロトニンとドーパミンの話とも関連するのですが，音楽を聴いているときの心地よさ，みなさんが一番よくご存知なのはアルファ波ですよね。アルファ波が出る音楽というのは世の中にたくさんありますが，アルファ波が出ているとき，確かに心地よさを感じている人が多いと思うのですね。そうしますと，アルファ波が出ているところは脳のどこなのだろうということになります。もっと細かい条件で，アルファ波が出るときと出ないときを調べていったら，さらに理解が深まるかもしれません。

伊　藤　ちょっと失礼します（「パン！」と手を叩く）。いま，なにか感じましたか？　なにも感じませんでしたか？　こういう「パン！」という音を聞いたときに，なにかビクッとする，体が動かなくてもなにかを感じたというのが，おそらく感情が発生する一番元のところだと思います。

そういうものを測定することは，昔からいくつか指標にしてできるものがあって，たとえば，いまのようなビクッとしたものについては，自律神経を測るというようなことで，GSR というようなものを使って皮膚反射を測ることは可能です。いろいろなメーカの方が，感情とかそういうものを測っているのだといっている心拍数だとかは，ほとんどが自律神経に由来するものです。例えば，感情がそこから自律神経を通って皮膚の表面や心臓に伝わったものを測っています。

しかしながら，最近の研究がどこまで進んでいるかという点では，先ほどの田中さんのお話のように，ほとんど進んでいなくて，自律神経を介したものを測定するということしかできていないのではないかと思います。先ほどお話をさせていただきましたが，よく訓練された人は感情が発生した瞬間に気がつく

ので，昔，19世紀の終わりぐらいから，事象が発生してから感情が発生するまでの時間を調べる研究がされていたことがありました。よく訓練された人が，事象が提示された後，感情の発生を感じた瞬間にタイムスイッチを押します。すると，100分の数秒くらいの間に感情が発生しているので，それがどこに由来するかということを推測しました。そのような実験から，感情の発生はきわめて早くかつ短いものだということが認識された。それに意義づけをすると，感情の後に気分を生じ，それによって体が動く状態では情動になるのだとか，そのようなことが心理学の領域ではいわれてきました。過去において脳への電流刺激により感情をコントロールする治療を実施していた方もいました。これは動物実験による結果を外挿したものと思います。現在は感情コントロールではないですが，経頭蓋直流電気刺激法やうつ病に対する迷走神経刺激法，こちらは頸部への電気刺激ですが，このような方法に進歩し治療に応用されています。

　教科書レベルでは，猫の視床下部の一部，内側とか外側とかいろいろな部位に電極を刺入して微少な電気信号を送ると「見かけの怒り」が起きることが書かれています。おそらく，視床下部の一部が感情の発生部位ということが推測されています。

（iii）　共　　　　　感

田　中　基調講演のなかで興味を惹かれたのは「共感」です。動物も共感するということでしたね。共感は感情とイコールではないのですよね。しかし，イコールではないとはいえ，密接に関係があるものですね。動物がなぜ共感できるかというと，言葉を持っていなくても全然支障がなくて，仕草とかなにか人間の動きなどほかの個体の動きを見て，感じることができるのですね。共感のすごさは，例えば，いまみなさんが私が話しているときに，時々頷いてくださっています。何名かの方が共感してくださっていることがこれだけで伝わってきます。頷くということで，あ，興味を持って聞いてくださっているのだとか，わかってくださっていることがわかるので，私のほうにプラスのフィードバックが届きます。そういうのも感情ですよね。そういう方がたくさんいらっしゃ

ると，今日は良かったかなとか思えるのですが，これが逆のことを考えると
ちょっと寒くなってきます。

　大学の講義のやりにくさを経験されている方はたくさんいらっしゃると思う
のですが，学生ってなかなか頷きませんね。また，面白いことをいってもめっ
たに笑いません。こういう学会だと笑ってくださるので，私は学会が大好きな
のです（笑）。昨日も学生と，「少人数で話していると頷くし笑うし質問もして
くれるのに，どうして大勢の教室だと変わるのだろうね」と話していました。
私もそうだったからその雰囲気はわかりますけど。

　時々頷いてくださると話しやすくて，心が通い合ったような感じがします。
そこから感情が生まれてきて，笑顔があるとさらによい感じが私のほうにも湧
いてきます。そういったこともありますので，目で見て本当に不確かなことで
あっても，そこから感情というものが生まれるのですね。そこにさらに美しい
音楽があって，私は個人的にオペラが大好きなのですが，美しい音楽，素晴ら
しい声，それと演技とが重なるともうこたえられないような感動，共感が生ま
れて，不思議な感覚が湧き起こりますよね。

　オペラのように自分の身に起きていない悲劇で，実際起きていない話なのに，
涙を流しているということにとても不思議な感じをいつも抱いています。まし
てや，それを味わいたくて高いお金を払って聴きに行っている人たちって面白
い人たちだなあと思います（笑），自分もそのうちの一人なのですけど。これっ
てなんなのだろうと思うことがあります。

　みなさん音楽の専門家の方がたくさんいらっしゃるので，それに関してはど
うお考えになっていらっしゃいますか？　私は司会者でないのに，勝手に進め
てすみません（笑）。でもインタラクティブにやっていきたいと思っています。
水　戸　私もそろそろその方向に持っていこうかと考えていたところでしたの
で（笑），会場のほうからのご質問をお受けしたいと思います。

（iv）　質　疑　応　答

Y（ヴァイオリスト）　感動するときにβ-エンドルフィンが分泌されるという

ことが実験で確かめられていますが，このことについてどのようにお考えで
しょうか。

伊　藤　β-エンドルフィンなど脳内麻薬物質は複数，かなり種類があると思
います。ただ一種類の物質によって人間の感動とかがコントロールされるので
あったら，これは非常に恐ろしいことです。反対にいうとそういうものを脳内
に分泌させるような刺激をしてやると，自分のいうことを聞く，ロボットのよ
うなものをつくることができるかもしれないということになってしまいます。

　昔からいわれている「痛いの痛いの飛んでいけ」のような場面は，いろいろ
な状況で発生していると思います。その中の一つとして，β-エンドルフィン
が感動に関与するといわれているのだと思います。β-エンドルフィンも脳腸
相関する物質で，それが消化管機能をコントロールするという，末梢では脳を
刺激する分泌をするという働きをします。そういうことも知っておいていただ
けると面白いと思います。

N（指揮者）　今朝，こちらの会場に向かうバスのなかで田中さんとお話をし
ました。そのときに，「指揮者って自分が指揮しながら感動しているのですか？」
と聞かれて，即座に「していません」と答えました。

　なぜかというと，指揮者は建築現場の建築監督みたいなもので，人に音を出
させるのですよ。そのときに，リズムのこと，イントネーション，音程のこと，
感情表現のことの指示を出して，演奏者がもれなく自分がいっていることを
やっているかを監視しているのですね。お客様を感動させる。そのためには，
演奏者はお客様が感動するように演奏する。音を出す人たちはもしかして感動
するかもしれない。でも，指揮者としての私は感動はしていない。みなさん，
どう思われますか？　楽器によっても違うかもしれません。歌の人は多分，感
動しながらうたうのではないでしょうか。

　けれど，ピアノはどうでしょう。一番メカニカルなあの楽器は感動しながら
弾くんでしょうか。それとも，ミスタッチしないようにとか，accelerando を
どうかけるかなど，つねに頭のなかはそのことに支配されていて，感動してい
ないのではないかと思うのです。噺家が笑ってしまったらお客様が笑えない

というのと同じです。

　感動するということは，音楽行動のなかでは，聴く側にはあってもする側にはないのだと思います。演奏行動を感動とともに行っているのかどうかは非常に興味が引き起こされます。

S（管楽器奏者）　1992 年に名古屋で開かれた ISME のリサーチ・セミナーで，ピアノ演奏の後では明らかに感動しているという研究が発表され，衝撃を受けたことを思い出しました。

　お二方にぜひ質問したいことがあります。私は，聴く側でも演奏する側でも思考と感情の区別がなかなかつかなくて，「いま，感動しているのだろうか，考えているのだろうか？」と思います。感動しているつもりでも，なにに感動しているのかと考え始めて，思考と感動，感情の境目の区別が本当に難しいのです。お二人にずばりお答えいただけると嬉しいです。

田　中　私も時々境目が怪しく感じるときもあります。最近の脳科学ではネットワークを明らかにしていくアプローチが主流になりつつありますが，昔は「視覚野」とか「運動野」などと分けて，ここはなにをする部位かと考えていました。テレビなどで話すときにはわかりやすいので，「暗算をしているときはここが」というような話し方をすることがありますが，これは，いまのアプローチではありません。

　いまは，ネットワークで機能するという考え方を取ってきています。そのような考え方から，思考のネットワークと感情のネットワークはかなり違いがありそうだと捉えられています。

　でも，先ほど申し上げましたように，感情のネットワークというのもやはり，はっきりここことここという感情野がないので，定義しにくいのです。それでも，感情に関わるであろうネットワークというのが捉えられています。思考のネットワークはもっとよくわかってきています。この二つのネットワークの間は相反する関係があるのです。つまり，一方が活動すると他方を抑制するという関係にあります。よく経験しますが，冷静に考えながら同時に感動するというのは難しいですね。

だから，指揮者が冷静に指揮をされているときなどは，感情のネットワークは抑制されているだろうと思います。感動するには，やはり客席のほうに座らないとダメですよね。そのときはそのタスクから解放されているので，今度は思考のネットワークの活動を低下させることができます。でも，そのときに分析しながら聴いていたらダメですよね。そうでなくて，思考のネットワークを使わないようにすれば相反している感情のネットワークの活動が上がってきますので，感情に浸るとかそういうことができるようになります。

　興味深い現象があります。いま行っている実験ですが，体のどこかに痛みを慢性的に感じる病気というのをご存知でしょうか。線維筋痛症という病気です。痛みを感じる場所は人によって違います。患者の9割以上が女性だといわれている病気で，クリニックに行って診てもらっても原因がよくわからない。でも確かに痛みを感じる。原因がわからないので根本的な治療ができない。ひどい場合にのみ，鎮痛剤を出しておきますからということぐらいしかありません。それはとてもつらいことで，慢性的に痛みを感じているとうつ状態になったり，ひどい場合には自殺したりする方もいて，場合によってはかなり深刻なことになります。

　われわれはその原因は脳のネットワークにあると考えています。音楽は脳に作用するので，音楽によってネットワークの信号の流れを変えられるかもしれない。そこで，患者さんの何人かに来ていただいて，私の好きなモーツァルトの『ヴァイオリンとヴィオラの為の二重奏曲ト長調 K.423』を聴いていただきました。その前後に痛みを測ると，ほとんどの患者さんで痛みが軽減していました。同時に，その前後に MRI を撮って，脳のネットワークのどこが変化したかということを調べています。やっとデータがたまってきたので，つい先日解析して結果を見たら，ぼんやりしてあれこれ考えるネットワーク（デフォルトモード・ネットワークといいます）と痛みを感じるネットワーク（セイリエンス・ネットワークといいます）の二つのネットワーク間の相互抑制が，音楽を聴くことによって弱くなっていたのです。

　逆にいうと，普段それが普通の人より強くなってしまっているために，痛み

を感じ始めると，痛みが支配的になってしまって戻せないんです。でも，その抑制が弱かったら，痛みをなにかの原因で感じたとしても，もう一方のネットワークが働くことができる。そのレベルまで，二つのネットワークの関係が弱まってくれば，痛みを自分でコントロールできるようになります（第1章を参照）。

伊藤 私のいままでの実験データのなかからですと，プロの音楽家の声楽家とピアニストの方から自律神経を見るという単純な方法で，演奏中の自律神経を測ってみると，感動しているという感じはやはり全然なくて，一生懸命な演奏に思考が働いているというような感じの反応になっていました。複数やってみたのですけれど，結果がほとんど変わることはなくて，感動しながら演奏しているということはないのではないかなと思ったことがあります。

　音楽を聴いている方は，fNIRS（2.7節を参照）という方法で脳内血流を見ると，やはり感動するとき，脳の赤いところ（酸素化ヘモグロビンを赤く示す：積極的な脳活動中に増加する）がサッと青くなっていく。青くなるというのは脳の活動が弱まっているだけなので，本当に感動しているかはわからないのですけれど，気分がよくなっているのだろうなということを推測することは可能でした。思考と感動は共通になるということはあまりないのではないかと思います。

A（作曲家）「感動」という言葉で一括りになっている感じですが，感動にも，例えば「生きること自体の感動」のようなものから，全体主義的な高揚まで何層もあるので，それらを一緒にただ「感動」といってしまって大丈夫でしょうか。前者は平たくいえば芸術の体験ですが，例えば感動のなかで感じる「生きているとの一回性」が，作品そのものが体現するさまざまな関係性のなかでこそ感じることができるという性質の感動です。一方，単なる没我状態，陶酔状態のみの状態を感動と呼ぶこともできます。

　さらに，それが個々人が社会で生きていくなかでどう受け入れられているかという側面もあります。諸問題を忘れがちな日常のなかで，前者の体験を得るためにホールの客席に向かう人もいれば，現実問題を忘れるために感動したい

人もいます。独裁的な政治家が，国民を全体主義的に統合するために音楽を用いることもあります（第二次世界大戦末期のブラジルの独裁的大統領がサンバやボサノヴァを利用した例など）。

　そのようななかで「芸術が崇高だ」という理由で研究を避ける必要はないと思うと同時に，悪く利用されることがないのかなども念頭においたうえで，よりいっそう「感動」との関わりを語ったほうがよいのではないでしょうか。むしろそのことを研究倫理のように考えたらよいのではないでしょうか。

田　中　感動というのもいろいろあって，いまおっしゃったように，それぞれのコンテキストのなかで論じるべきものだと思います。今回は時間がなくて立ち入ることができませんでしたが，重要なご指摘だと思います。ありがとうございました。

水　戸　もう時間になってきたのですが，最後に，演奏家は演奏しているときに感動しているのかといった，とても面白い話題に入ってきました。みなさん，頷ける面もあればそうでない面もあると思いますが……。

　ところで，脳研究は測定機器の問題から，昔は実験中に動くことができなかったわけですよね。それが，いまでは機器が開発され，いろいろと精度も上がってきたことにより，動いているときも測定ができるようになりました。まさに，演奏中に脳波などを測ることによって，本日出てきた課題などを明らかにできるようになったと思います。今後の可能性について田中さんにお伺いしたいと思います。

田　中　演奏時脳活動の測定として一番やりやすいのは脳波計なのですが，それも一昔前までは，コードがついていて本体につながっているので動かないでくださいといわれる。動くとノイズが入ってしまって解析できなくなるのです。そうするとじーっと座ったまま聴くということはできたので，そのような実験は以前からありました。最近，画期的な新しい機器が開発されたと聞き飛びつきました。私の研究室で買ったのはオーストリア製です。国内販売の第1号機でした。ワイヤレスでコードが一切ないので部屋のなかを自由に動いていただ

いて，声楽家の方も普段動いているように演技しながらうたってくださいとお願いしてうたっていただいています。明日の研究発表でそのビデオもお見せする予定です。それができるのは本当に嬉しくて，実験で声楽家の方にお願いしているのは，アリアを3通り感情のレベルを変えてうたっていただくことです。それで脳波の違いを調べています。ただ，個人差がすごくあって，同じアリアをうたっても人が変わるとかなり異なったパターンを示すので，なかなか苦労しているところです。

　個別に見れば，やはり面白い結果がそれぞれの方に見つかって，ある方の例は，やはり感情のレベルを変えていったらそれに応じて変わっていく脳波がありました。アルファ波に非常に近い周波数で出ていました。それと，ガンマ波というかなり高い周波数は，感情のレベルを変えてもまったく変わらないという結果が出てきました。そこは，あまり感情とは関係なく，冷静な歌い方，テクニックのことかもしれないし，コントロールをされているのではないかということが見えてきました。先ほどの質問で出ました感情と思考に対応した脳活動が，脳波の場合はアルファ波やガンマ波という周波数バンドで区別できるかもしれません。そういうアプローチでこれからしばらくやっていきたいと思っています。

　それとこの対談では，声楽家の方は演奏中に感動されているのではないかという流れになってきています。この間，日本声楽発声学会に出て，そこでアメリカで活躍していらっしゃるテノールのイタリア人声楽家の方のレクチャーと演奏を聴かせていただきました。その方は，うたうときは感動してはいけない。とてもクールな緻密な計算で，クールな歌い方をしなければいけないとおっしゃっていたので，もしかしたら声楽家であっても例外ではないかもしれません。ただそのとき，そのイタリア人声楽家は，ピアニストの方がとてもきれいな方だったのでミスしてしまったとおっしゃったので，その話はちょっと説得力がないかなと思いながら聞いていました（笑）。

伊　藤　音楽をするということ，そのもとに，音楽をしたいという欲求が一つあると思います。それともう一つは，音楽に対する感動があります，絶対に感

動があると思います。演奏するときは真面目で，きわめて緻密でなければいけ
ない。ですから演奏の最中には感動はないのかもしれませんが，例えば間奏の
とき，自分の手が空いているとき，ほかの人たちの演奏を聴こうと思うかもし
れない，そんなことはないでしょうか。

　音楽家自身の心と身体が密接に結びついていて，それが最終的にコントロー
ルしている脳の活動の違いなどに現れてくるのではないかと思います。あまり，
いまこういうことをやっていると脳の部分が働いているなど，そういうことを
考える必要は全然ないと思いますので，普通に感動されたり感激されたり，そ
ういうことで音楽をしていっていただけると，今日のこういう話題に合ってい
てよろしいかと思います。みなさまの今後のご活躍を期待いたします。

水　戸　みなさま，今回の対談を機にいろいろな考えを持っていただけたので
はないかと思います。私は個人的には，脳の話が面白くて，現在は，もうこん
なところまでわかっているのだという新しい発見がたくさんあり，今後に向け
て多くの研究のアイデアも浮かんできました。伊藤さん，田中さん，ありがと
うございました。

あとがき

　本書は音楽の脳と身体への作用に関して，脳科学と生理学の二つの視点から解説した。脳と身体へのそれぞれの作用のみならず，脳と身体がリンクして全身で反応していることも理解していただけたのではないかと思っている。「悲しいから泣くのではない。泣くから悲しいのだ」という説をご存じの方も多いと思う。生理学的反応のほうが感情より先に起こるというジェームズ・ランゲ説である。順序が逆だろうと考える人も当然いて，キャノン・バード説と呼ばれている。しかし前者にも思い当たる節があるはずである。どちらの説でも，脳と身体がつながっていることに変わりはない。

　感情は思った以上に捉えにくいものである。自分の感情はわかっているつもりでいるが，じつはそうではない。意識できていないもの，あるいは脳が解釈できないものは感情として認識できない。失感情症という疾患がある。自分の感情に気づかない，言語化できないという疾患である。確かに言語化できないと明確に認識できない。なにか感想を求められたときに，「おもしろかった」「感動した」くらいしか言葉が浮かんでこず，もどかしさを味わうこともよくある。音楽に関しても同様のことがいえる。音楽と感情の関係を今後研究していくためには，新たなアプローチも必要になるだろう。

　学術論文を読む機会が少ない読者にとっては，統計学的有意性に関する記述が随所にあることに違和感を持たれた方もいるかもしれない。統計学的有意性は新薬の開発などのニュースでも言及されることがよくあるが，ある効果が多くの人にとって認められるかどうかの客観的指標として，科学や医学の世界で広く用いられている。しかし本文中でも述べているように，万人に一様に効果があるものというのはむしろ稀で，個人差が大きいものもたくさんあるのが現実である。ある人にとってとてもよい効果があるものは，かりにほかの人にとっ

てはそれほどよい効果がなくても，やはりその人にとってはよいのである。身体的な違いに加えて主観も大きく影響するのが音楽の世界である。第2章の最後の二つのセクションは，一人一人の個性や感性を尊重してよりよい社会を築くためのメッセージが込められている。

　本書では音楽とエピソード記憶の関係を論じることも重要であると考えた。エピソード記憶にまつわることは感動的な話が多く，人間的なドラマがそこにある。第1章で紹介したH.M.の症例研究の話のなかで，「できごと（エピソード）」に付随するさまざまな記憶の断片のリンクが失われていく結果，エピソード記憶が意味記憶化すると述べた。音楽，特にクラシック音楽は遠い昔に作曲された楽譜が残っているが，それ自体は意味記憶である。そこにイメージや感情のリンクをたくさん張って，いま生きている音楽として演奏される。音楽は意味記憶をエピソード記憶化するプロセスといえるかもしれない。人は音楽するとき，エピソード記憶の想起あるいはシーン構築というプロセスとともに，生を実感しているのではないか。大江健三郎の小説『燃えあがる緑の木』（大江健三郎，新潮文庫）にこんな一節がある。

燃えあがる緑の木

シュガー・メイプルの木には，紅葉時期のちがう三種類ほどの葉が混在するものなんだ。真紅といいたいほど赤いのと，黄色のと，そしてまだ明るい緑の葉と……　それらが混り合って，海から吹きあげて来る風にヒラヒラしているのを私は見ていた。そして信号は青になったのに，高校生の私が，はっきり言葉にして，それも日本語で，こう自分にいったんだよ。もう一度，赤から青になるまで待とう，その一瞬よりはいくらか長く続く間，このシュガー・メイプルの茂りを見ていることが大切だと。生まれて初めて感じるような，深ぶかした気持ちで，全身に決意をみなぎらせるようにしてそう思ったんだ……

折にふれて内面に意識を向けることは大切である。内面に集中することは祈りに似ている。『燃えあがる緑の木』の例でいえば，新しいギー兄さんにとって大切な「魂のことをすること」である。そして「一瞬よりはいくらか長く続く間」意識を内側に向けることは，人生に喜びや意味を見出し，いまをよりよく生きることになる。本書は脳に対する音楽の作用として，心的イメージの構築を中心に述べた。心的イメージの構築は意識を内側に向けさせる。音楽が喜びをもたらし，また心身を癒すことができるのは，そのような作用が働くからだろう。

　心的イメージの機能は素晴らしい。本書の原稿を執筆している途中で東京パラリンピック 2020 が開催された。朝のテレビニュースで視覚障害者のブラジル人カメラマンであるジョアン・マイアさんのことが紹介されていた。ぼんやりと光が見える程度だというマイアさんが，選手のベストショットを次々に撮っていく様子を見て画面に釘づけになった。どうしてそのようなことが可能なのだろう。聞こえてくる音をイメージに変えるのだという。28 歳のときに病気で視力を失い，2016 年，地元で開催されたリオパラリンピックにプロのカメラマンとして参加した。そして今年は東京へ。「私が唯一の盲目のカメラマンとして再びパラリンピックに参加できたのは夢を実現できると信じたから。私を支えているのは私の夢だ」と語っていたマイアさんの笑顔に心を打たれた。

　東京・四谷 上智大学の研究室にて

田中　昌司

索　　　引

―― 著 者 略 歴 ――

田中　昌司（たなか　しょうじ）
1980 年　名古屋大学工学部電気電子工学科
　　　　卒業
1982 年　名古屋大学大学院工学研究科修士
　　　　課程修了（電気電子工学専攻）
1985 年　名古屋大学大学院工学研究科博士
　　　　課程修了（電気電子工学専攻）
　　　　工学博士
1986 年　上智大学講師
1989 年　上智大学助教授
1998 年　イェール大学客員研究員
2000 年　上智大学教授
　　　　現在に至る
2005 年　コロンビア大学客員教授

伊藤　康宏（いとう　やすひろ）
1975 年　名古屋保健衛生大学衛生学部衛生技
　　　　術学科卒業
1984 年　藤田保健衛生大学研究員
1994 年　博士（医学）（藤田保健衛生大学）
1995 年　ハインリッヒハイネ大学研究員
2009 年　藤田保健衛生大学教授
2019 年　藤田医科大学教授（校名変更）
2021 年　四日市看護医療大学教授
2022 年　藤田医科大学客員教授
　　　　藤田医科大学客員研究員
　　　　四日市看護医療大学特任教授
　　　　現在に至る

音楽する脳と身体
Musical Brain and Body

Ⓒ Shoji Tanaka, Yasuhiro Ito 2022

2022 年 11 月 7 日　初版第 1 刷発行　　　　　　　　　　　　　　★

検印省略

著　者	田　中　昌　司
	伊　藤　康　宏
発 行 者	株式会社　コロナ社
	代 表 者　牛 来 真 也
印 刷 所	壮 光 舎 印 刷 株 式 会 社
製 本 所	株 式 会 社　グ リ ー ン

112-0011　東京都文京区千石 4-46-10
発 行 所　株式会社 コ ロ ナ 社
CORONA PUBLISHING CO., LTD.
Tokyo Japan
振替00140-8-14844・電話(03)3941-3131(代)
ホームページ　https://www.coronasha.co.jp

ISBN 978-4-339-07826-8　C3040　Printed in Japan　　　　　（新井）

音響サイエンスシリーズ

（各巻A5判，欠番は品切です）

■日本音響学会編

以 下 続 刊

定価は本体価格＋税です。
定価は変更されることがありますのでご了承下さい。

図書目録進呈◆

音響学講座

(各巻A5判)

■日本音響学会編

音響入門シリーズ

(各巻A5判, ○はCD-ROM付き, ☆はWeb資料あり, 欠番は品切です)

■日本音響学会編

(注:Aは音響学にかかわる分野・事象解説の内容, Bは音響学的な方法にかかわる内容です)

定価は本体価格+税です。
定価は変更されることがありますのでご了承下さい。

‖‖‖‖‖‖‖‖‖‖‖‖‖‖‖‖‖‖‖‖‖ 図書目録進呈◆

「音響学」を学ぶ前に読む本

坂本真一，蘆原　郁 共著
A5判／190頁／本体2,600円

言語聴覚士系，メディア・アート系，音楽系などの学生が
「既存の教科書を読む前に読む本」を意図した。数式を極
力使用せず，「音の物理的なイメージを持つ」「教科書を
読むための専門用語の意味を知る」ことを目的として構成
した。

音響学入門ペディア

日本音響学会 編
A5判／206頁／本体2,600円

研究室に配属されたばかりの初学者が，その分野では日常
的に使われてはいるが理解が難しい事柄に関して，先輩が
後輩に教えるような内容を意図している。書籍の形式とし
ては，Ｑ＆Ａ形式とし，厳密性よりも概念の習得を優先し
ている。

音響キーワードブック─DVD付─

日本音響学会 編
A5判／494頁／本体13,000円

音響分野にかかわる基本概念，重要技術についての解説集
（各項目見開き2ページ，約230項目）。例えば卒業研究
を始める大学生が，テーマ探しや周辺技術調査として，項
目をたどりながら読み進めて理解が深まるように編集した。

定価は本体価格+税です。
定価は変更されることがありますのでご了承下さい。

||||||||||||||||||||||||||||||||||||||||||||||||| 図書目録進呈◆